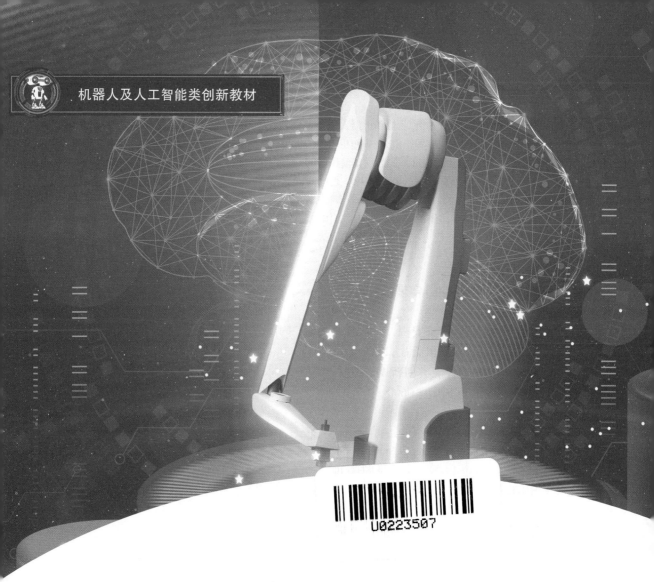

机器人及人工智能类创新教材

U0223507

协作机器人

基础

主　编　章安福　于　恒　袁　颖

副主编　席　丹　林　光　许俊毫

参　编　张洪英　黄美兰　谭华纳

　　　　李晓杰　江凯锋　黄桂珍

　　　　钟　明

哈尔滨工业大学出版社

内 容 提 要

本书以 Taskor 机械臂为例,从协作机器人应用过程中需掌握的技能出发,由浅入深、循序渐进地介绍了 Taskor 机械臂的入门实用知识,从协作机器人的发展切入,分为基础理论与项目应用两大部分,系统地从基础知识、基本原理、基础编程、设备使用、任务仿真、任务调试、综合调试等方面展开,基于具体案例,讲解 Taskor 机械臂的编程、调试过程。通过阅读本书,可对 Taskor 机械臂的实际使用过程有全面、清晰的认识。

本书内容贴合从事协作机器人相关岗位工作的专业课程,可作为高职高专、成人教育、中等职业学校智能机器人技术专业、机电一体化及其他机器人相关专业的教材,也可供有关教师与工程技术人员参考。

图书在版编目(CIP)数据

协作机器人基础/章安福,于恒,袁颖主编. —哈尔滨:哈尔滨工业大学出版社,2023.2
机器人及人工智能类创新规划教材
ISBN 978 - 7 - 5767 - 0600 - 0

Ⅰ.①协… Ⅱ.①章… ②于… ③袁… Ⅲ.①智能机器人 – 高等职业教育 – 教材 Ⅳ.①TP242.6

中国国家版本馆 CIP 数据核字(2023)第 030895 号

XIEZUO JIQIREN JICHU

策划编辑 李艳文 范业婷
责任编辑 范业婷 李佳莹
出版发行 哈尔滨工业大学出版社
社　　址 哈尔滨市南岗区复华四道街 10 号 邮编 150006
传　　真 0451 – 86414749
网　　址 http://hitpress.hit.edu.cn
印　　刷 哈尔滨市石桥印务有限公司
开　　本 787 毫米 ×1 092 毫米 1/16 印张 14.5 字数 323 千字
版　　次 2023 年 2 月第 1 版 2023 年 2 月第 1 次印刷
书　　号 ISBN 978 - 7 - 5767 - 0600 - 0
定　　价 68.00 元

主编简介

丛书主编/总主编：

冷晓琨，中共党员，山东省高密市人，哈尔滨工业大学博士、教授，乐聚机器人创始人。其主要研究领域为双足人形机器人与人工智能，研发制造的机器人助阵平昌冬奥会"北京8分钟"、2022年北京冬奥会，先后参与和主持科技部"科技冬奥"国家重点专项课题、深圳科技创新委技术攻关等项目，科创成果获中国青少年科技创新奖、全国优秀共青团员、中国青年创业奖等荣誉。

本书主编：

章安福，中共党员，江苏省宿迁市人，电气自动控制技术高级讲师，电工高级技师，荣获广东省五一劳动奖章，第44届、45届、46届世界技能大赛移动机器人项目中国技术指导专家组成员，广东省技能竞赛优秀指导教师，广州市职业技能鉴定委员会移动机器人专业专家，广州市首批青少年科技教育骨干教师，主要研究方向为：电气自动控制、机器人及人工智能技术应用。

于恒，中共党员，高级技师，山东省潍坊市（诸城市）人，山东辰榜数控装备有限公司董事长，山东省技术能手，全国机械行业智能制造与精密检测协同创新中心秘书长。

袁颖，中共党员，四川成都市人，成都师范学院讲师，成都师范学院理工学院校企合作办主任，四川STEAM科创教育科普基地办公室主任，四川汽车工程学会人才专委会副主任，主要研究方向为机器人教育。

前　言

随着 ChatGPT 火爆全网,机器人将会如何发展成为当下最热门的话题,我们相信机器人将会成为人类的助手,人机共融时代已经到来,"机器换人"可能成为现实。协作机器人作为智能制造产线上不可或缺的一员,必将在产业升级中发挥重要作用。未来,所有的机器人都应该具备可以与人类一起安全地协同工作的特性,如何打造高效安全协作机器人离不开一批又一批工程师的"精雕细琢",机器人专业工程技术人才的培养成为广大院校和机构的一项重要任务。

近几年,开设机器人工程、智能机器人技术等机器人工程技术相关专业课程的国内院校超过 200 所,但智能机器人技术相关专业的教材短缺。本书以 Taskor 机械臂为例,从协作机器人应用过程中需要掌握的技能出发,由浅入深、循序渐进地介绍了 Taskor 机械臂的入门实用知识,从协作机器人的发展历程切入,分为基础理论与项目应用两大部分,系统地从基础知识、基本原理、基础编程、设备使用、任务仿真、任务调试、综合调试等方面展开。通过阅读本书,可对 Taskor 机械臂的实际使用过程有全面、清晰的认识。

本书内容贴合从事协作机器人相关岗位工作的专业课程,可作为高职高专、成人教育、中等职业学校智能机器人技术专业、机电一体化及其他机器人相关专业的教材,也可供有关教师与工程技术人员参考。

本书由广州市工贸技师学院章安福老师担任第一主编,山东辰榜数控装备有限公司董事长于恒、成都师范学院物理与工程技术学院袁颖老师担任第二、三主编;广州市工贸技师学院席丹、林光、许俊毫老师担任副主编。在本书的编写和审定过程中,乐聚(深圳)机器人技术有限公司提供了 Taskor 机械臂平台和技术支持。广州市工贸技师学院移动机器人项目精英班老师张洪英、黄美兰、谭华纳、李晓杰,学生江凯锋、黄桂珍、钟明完成了书中实验的调试与验证,广州市工贸技师学院文化创意产业系老师陈矗及学生莫柳清、梁杰安参与了所有实验图片的拍摄与修剪工作,在此对为本书出版付出辛勤劳动的参与人员一并致谢。

由于机器人技术日新月异的发展,许多问题还有待探讨。因此,书中不足之处在所难免,相关意见与建议可发送至邮箱 gzgmzaf@126.com,让我们共同点燃人机协同的"星火"。

编　者
2023 年 1 月

目　　录

第 1 章　协作机器人基础认知 ·· 1

　　1.1　工业机器人概述 ·· 1

　　1.2　协作机器人概述 ··· 10

　　1.3　协作机器人基础知识 ··· 19

第 2 章　机械臂运动学认知 ··· 27

　　2.1　机器人运动学与动力学 ··· 27

　　2.2　Taskor 机械臂运动学解析 ··· 30

第 3 章　Taskor 机械臂设备介绍 ·· 38

　　3.1　Taskor 机械臂介绍 ·· 38

　　3.2　Taskor 机械臂传感器模块 ··· 40

　　3.3　机器人视觉系统概述 ··· 44

第 4 章　Taskor 机械臂控制编程 ·· 49

　　4.1　python 编程基础 ·· 49

　　4.2　Taskor 机械臂软件示教页面 ··· 66

　　4.3　Taskor 机械臂操作基础 ··· 75

　　4.4　Taskor 机械臂操作指令 ··· 79

　　4.5　Taskor 机械臂外设模块编程 ··· 83

第 5 章　机器人仿真实践 ··· 90

　　5.1　机器人仿真环境搭建 ··· 90

　　5.2　仿真软件界面基础操作 ··· 96

　　5.3　会写字的机械臂 ·· 104

　　5.4　会下棋的机械臂 ·· 111

第 6 章　机械臂应用场景搭建与调试 ·· 116

　　6.1　知冷暖的机器人——基于温度传感器、湿度传感器的应用 ··········· 116

　　6.2　懂避让的机器人——基于人体红外传感器、微动开关的应用 ········· 132

　　6.3　消防的机器人——基于刺激性气体、火焰传感器的应用 ············· 144

　　6.4　会质检的机器人——基于摄像头、光敏传感器的应用 ··············· 156

第 7 章 机械臂综合应用 ……………………………………………………… 169

   7.1 智能制造系统与协作机器人 ……………………………………………… 169

   7.2 会分拣的机器人——分拣工作站设计与实现 ………………………… 172

   7.3 会码垛的机器人——码垛工作站设计与实现 ………………………… 184

   7.4 会装配的机器人——装配工作站设计与实现 ………………………… 195

   7.5 会配合的机器人——多机工作站联合调试 …………………………… 207

参考文献 ……………………………………………………………………… 222

第1章　协作机器人基础认知

1.1　工业机器人概述

学习目标

1. 了解工业机器人的定义、特点及发展过程。
2. 了解工业机器人的分类。
3. 掌握机器人的三要素与三定律。
4. 熟悉工业机器人的应用领域。

知识内容

2015 年世界机器人大会在中国召开,随即国内兴起了一股"机器人"热潮,无论是传统的工业机械臂,还是中小学生日常的电动玩具车,均被称为"机器人"。根据国际标准化组织(ISO)定义:"机器人是一种自动的、位置可控的、具有编程能力的多功能机械手,这种机械手具有若干个轴,能够借助可编程序操作处理各种材料、零件、工具和专用装置,以执行各种任务。"

机器人是集机械、电子、控制、传感、人工智能等多学科先进技术于一体的自动化装备,其技术的发展对力学、机械学、电子学、生物学、控制论、计算机、人工智能、系统工程学等学科都提出了更高的要求,不同种类的机器人可广泛应用于军事、工业和家庭等各类场景中,这些种类繁多的机器人正加速向着智能化、微型化、人性化的方向发展,本节重点介绍工业机器人相关内容。

1.1.1　工业机器人的定义和特点

工业机器人是机器人家族中重要的一员,目前既是技术上最成熟,又是应用上最广泛的一类机器人。

工业机器人指的是面向工业领域的多关节机械手或多自由度的机器人,是自动执行工作的机器装置。它靠自身动力和控制能力来实现各种功能,是一种可以接受人类指挥,也可以按照预先编排的程序运行的机器。工业机器人可以通过搬运材料、工件或者操持工具来完成各种作业。工业机器人被广泛应用于制造业的各个环节,以其高效、高质、稳定的运转工作,对所在行业的高效生产和稳定质量起到重要作用。工业机器人特点如图 1.1 所示。

图 1.1　工业机器人特点

1.1.2　机器人的三要素与三定律

机器人至少要具备以下三个要素:

通常人类对外界环境的反映过程主要是:感觉→触觉→大脑判断→做出动作。机器人也是一样,机器人的信息处理流程是:信息收集→信息判断→信息执行。机器人的三要素如图 1.2 所示。

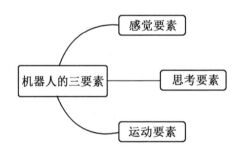

图 1.2　机器人的三要素

"机器人三定律"是美国科幻小说作家艾萨克·阿西莫夫在 1942 年发表的作品 *Runaround* 中第一次明确提出的,具体内容如下。

第一定律:机器人不得伤害人类个体,或者目睹人类个体将遭受危险而袖手不管。

第二定律:机器人必须服从人给予它的命令,当该命令与第一定律冲突时例外。

第三定律:机器人在不违反第一、第二定律的情况下要尽可能保护自己的生命。

随着时间的推移,补充了第零定律:机器人必须保护人类的整体利益不受伤害,其他三条定律在这一前提下才能成立。

1.1.3　工业机器人的发展历史

工业机器人萌芽于 20 世纪 50 年代的美国,经过了几十年的发展,它已经被不断地应用于人类社会的各个领域,机器人技术正在逐渐改变着人类的生产方式。工业机器人是机器人家族中非常重要的一员,且是目前技术上最成熟、应用最广泛的一类机器人。

近年来工业机器人的应用逐渐增多,工业机器人既可代替人工在恶劣环境中工作,又可节省劳动力。下面介绍工业机器人的发展历史及其特点。

世界上第一台可编程的机器人是1954年美国人乔治·德沃尔制造的。乔治·德沃尔最早提出工业机器人的概念。

世界上第一台工业机器人诞生于1959年,由乔治·德沃尔与美国发明家约瑟夫·恩格尔伯格联手制造。随后,世界上第一家机器人制造公司Unimation也随之诞生。

世界上第一台真正的商业化机器人在1962年由美国AMF公司生产。

世界上第一台涂装机器人在1967年由Unimation公司推出,并被出口到日本。同年,日本川崎重工业株式会社从美国引进机器人及技术,建立生产厂房,并于1968年试制出第一台日本产机器人。

世界上第一台商业直角坐标机器人在1972年由IBM公司开发出并在内部使用,如图1.3所示。

世界上第一台全电控式工业机器人在1974年由瑞士的ABB公司研发成功,主要应用于工件的取放和物料搬运。

1978年,Unimation公司又推出了通用工业机器人PUMA,这标志着串联工业机器人技术已经完全成熟。同年,日本山梨大学牧野洋研制出了水平关节型的机器人。

世界上第一台基于小型计算机控制的,在精密装配过程中完成校准任务的并联机器人是在1979年设计出来的,从而真正拉开了并联机器人研究的序幕。1985年,法国克拉维尔教授设计出并联机器人DELTA。1999年,ABB公司推出了4自由度的并联机器人,如图1.4所示。

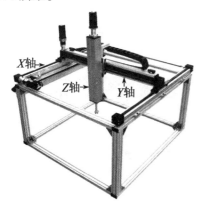

图1.3 直角坐标机器人

图1.4 并联机器人

2005—2015年,安川电机株式会社、ABB公司相继推出了6轴、7轴驱动的产业机器人,使得机器臂更加接近人类动作。人机协作双臂机器人如图1.5所示。

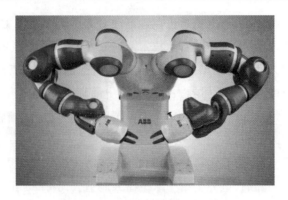

图1.5　人机协作双臂机器人

1.1.4　工业机器人的应用密度

近年来,世界主要国家工业机器人密度均有所提升,根据高工机器人产业研究所(GGII)数据显示,2020年全球制造业劳动人口平均每万人使用126台机器人,同比2016年的数据平均每万人使用66台机器人,提升了近一倍。结合高工机器人产业研究所(GGII)和国际机器人联合会(IFR)的数据分析,中国自2013年超越日本成为世界第一大工业机器人市场以来,持续保持世界第一位置。2016—2020年,伴随着制造业的提质升级,中国大陆的工业机器人密度从68台/万人增长至246台/万人。主要工业国家机器人应用密度如图1.6所示。

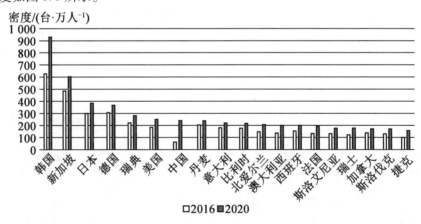

图1.6　主要工业国家机器人应用密度

1.1.5　工业机器人主要应用领域

工业机器人的出现将人类从繁重、单一的劳动中解放出来,它还能够从事一些人类无法从事的劳动,助力实现真正的生产自动化,有效减少工伤事故的发生,提高生产效率。随着制造业自动化和智能化程度的不断提升,工业机器人飞速发展,在不同领域的应用越来越成熟。如图1.7所示，目前工业机器人主要应用于十大领域。

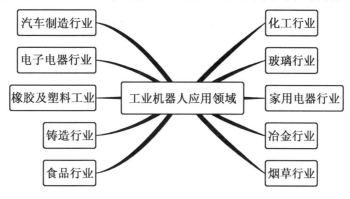

图1.7　工业机器人应用领域

1.1.6　工业机器人的典型应用

工业机器人主要用于汽车、3C产品、医疗、食品、通用机械制造、金属加工以及船舶制造等领域，具体应用有搬运、焊接、涂装、装配、码垛和打磨等。

1. 搬运

搬运作业是握持工件，把工件从一个位置移动到另一个位置。搬运机器人可作为独立体，安装在不同的末端执行器上（如机械臂爪、真空吸盘等）用以完成各种形状和状态的工件搬运，可以减轻人类繁重的体力劳动。为了配合各个工序不同的设备来实现流水线作业，机器人可以通过编程来控制，如图1.8所示。搬运机器人广泛应用于机床上下料、自动装配流水线、码垛搬运、集装箱搬运等方面。

图1.8　工业机器人进行搬运工作

2. 焊接

目前机器人焊接在工业应用中最为广泛，如工程机械、汽车制造、电力建设等。焊接机器人的优势是能在恶劣的环境下连续工作并且提供稳定的焊接质量，从而提高工作效率,减轻工人的劳动强度。工业机器人进行焊接工作的场景如图1.9所示。

图1.9 工业机器人进行焊接工作的场景

3. 涂装

当生产量大、产品型号多、表面形状不规则的工件外表面需要涂装的时候,可使用涂装机器人。涂装机器人广泛应用于汽车及其零配件、仪表,家电,建材和机械等领域。按照机器人手腕结构形式的不同,涂装机器人可分为球型手腕涂装机器人和非球型手腕涂装机器人。其中,非球型手腕涂装机器人根据相邻轴线的位置关系又可分为正交非球型手腕和斜交非球型手腕2种形式。工业机器人进行涂装工作的场景如图1.10所示。

图1.10 工业机器人进行涂装工作的场景

4. 装配

装配机器人主要应用于各种电器的制造及流水线产品的组装作业,具有高效、精确、持续工作的特点。装配工作其实是一个比较复杂的作业过程,不仅要检测装配过程中的误差,而且要试图纠正这种误差。装配机器人是柔性自动化系统的核心设备,末端执行器种类多,可适应不同的装配对象。传感系统用于获取装配机器人与环境和装配对象之间相互作用的信息。工业机器人进行装配工作的场景如图1.11所示。

图 1.11 工业机器人进行装配工作的场景

5. 码垛

码垛机器人可以满足中、低产量的生产需要,也可按照要求的编组方式和层数,完成对料袋、箱体等各种产品的码垛。使用码垛机器人能提高企业的生产率和产量,同时减少人工搬运造成的错误;还可以全天候作业,节约大量人力资源成本。码垛机器人广泛应用于化工、饮料、食品、啤酒、塑料等生产企业。工业机器人进行码垛工作的场景如图1.12 所示。

图 1.12 工业机器人进行码垛工作的场景

6. 打磨

打磨机器人是可进行自动打磨的工业机器人,主要用于工件的表面打磨,棱角去毛刺,焊缝打磨,内腔、内孔去毛刺和孔口、螺纹口加工等工作。打磨机器人广泛应用于3C 产品、卫浴五金、IT 产品、汽车零部件、工业零件、医疗器械、家具和民用产品等领域。工业机器人进行打磨工作的场景如图1.13 所示。

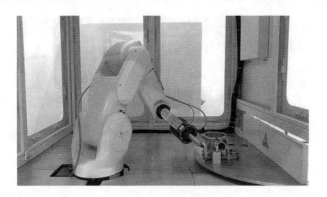

图 1.13　工业机器人进行打磨工作的场景

1.1.7　工业机器人的分类

工业机器人的分类方法很多,可以按照臂部的运动形式、机构运动的控制机能、程序输入方式、发展分类运动坐标形式、驱动方式,以及应用领域等进行分类。

1. 按臂部的运动形式分类

(1)直角坐标机器人。

直角坐标机器人,顾名思义,是指机器人臂部可沿 3 个直角坐标移动。直角坐标机器人在空间上具有多个相互垂直的移动轴,常用的是 3 个轴,即 X 轴、Y 轴、Z 轴,它末端的空间位置是通过沿 X 轴、Y 轴、Z 轴来回移动改变的,其工作空间是一个长方体。此类机器人具有较高的强度和稳定性,负载能力大,位置精度高且编程操作简单,如图 1.14所示。

(2)圆柱坐标机器人。

圆柱坐标机器人的臂部可做升降、回转和伸缩动作,通过 2 个移动和 1 个转动运动来改变末端的空间位置,其工作空间是圆柱体,如图 1.15 所示。

图 1.14　直角坐标机器人　　　　　图 1.15　圆柱坐标机器人

（3）球坐标机器人。

球坐标机器人的臂部能回转、俯仰和伸缩，其末端运动由 2 个转动和 1 个移动运动组成，其工作空间是球的一部分，如图 1.16 所示。

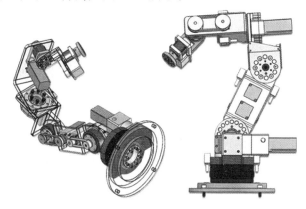

图 1.16　球坐标机器人

（4）多关节机器人。

关节机器人的臂部有多个转动关节的称为多关节机器人。多关节机器人由多个回转和摆动（或移动）机构组成。按旋转方向，它可分为水平多关节机器人和垂直多关节机器人，如图 1.17 所示。

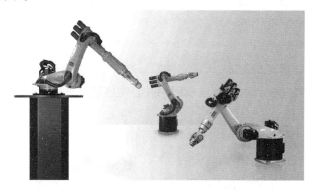

图 1.17　多关节机器人

2. 按执行机构运动的控制机能分类

（1）点位型机器人。

点位型机器人只能控制执行机构由一个位置点到另一个位置点的准确定位，一般适用于机床的上下料、点焊和一般搬运、装卸等作业。

（2）连续轨迹型机器人。

连续轨迹型机器人，工作时可以控制执行机构按照指定的轨迹运动，这种机器人适用于连续焊接和涂装等作业。

3. 按程序输入方式分类

（1）编程输入型机器人。

编程输入型机器人是在计算机上编写程序，之后将计算机上已编好的程序文件，通过 RS232 串口或以太网等通信方式传送给机器人，之后机器人会按照程序设定来运行。

（2）示教输入型机器人。

示教输入型机器人的示教方法有两种：一种是由手动控制器即示教操纵盒的操作者，将指令信号传给驱动系统，使执行机构按照要求的动作顺序和运动轨迹进行操演；另一种是由操作者直接操作执行机构，按要求的运动轨迹和动作顺序进行操演。在示教过程中，工作程序的信息可以自动存入程序存储器中，当机器人自动工作时，控制系统可以从程序存储器中提出相应信息，将提出的指令信号传给驱动机构，使执行机构再次呈现示教的各种动作。示教输入程序的工业机器人称为示教再现型工业机器人。

4. 按发展程度分类

（1）第一代机器人。

第一代机器人主要是只能以示教再现方式工作的工业机器人，也称为示教再现型工业机器人。目前在工业现场应用的机器人大多属于第一代机器人，如机械臂。

（2）第二代机器人。

第二代机器人是感知机器人，带有一些可感知环境的传感器，通过反馈控制使机器人能在一定程度上适应变化的环境，如扫地机器人。

（3）第三代机器人。

第三代机器人是智能机器人，具有多种感知功能，可进行复杂的逻辑推理、判断及决策，可在作业环境中独立行动，具有发现问题并自主解决问题的能力，如服务机器人。

思考与拓展

1. 工业机器人的定义和特点是什么？

2. 机器人的三要素和三定律是什么？

3. 工业机器人是怎样分类的？

1.2　协作机器人概述

学习目标

1. 了解协作机器人的定义、特点及发展。

2. 了解协作机器人的行业概况。

3. 了解协作机器人的发展趋势。

4. 掌握协作机器人与传统机器人的区别。

5. 熟悉协作机器人的优势及劣势。

 **知识内容**

随着制造业的不断发展,协作机器人得到了更多的关注,实际上协作机器人的概念是由西北大学(美国伊利诺伊州)的两位教授(J. Edward Colgate 和 Michael Peshkin)在1996 年首次提出的。提出这个概念是因为现代工业机器人机构普遍庞大且笨重,在生产过程中没办法很好地融入生产操作全过程,对于延展性和操作性来说都非常局限。因此,人们开始重视对协作机器人的研究,从而推动了协作机器人在生产实际中的应用。

1.2.1 协作机器人的定义和特点

协作机器人,顾名思义,就是机器人与人可以同时在生产线上工作,充分发挥机器人高效率及人类灵巧性的优势。这种机器人不仅性价比高,而且安全方便,能够极大地促进制造企业的发展。协作机器人作为一种新型的工业机器人,打通了人机协作的通道,让机器人彻底摆脱护栏或围笼的束缚,其开创性的产品性能和广泛的应用领域,为工业机器人的发展提供了新思路。

如果说工业机器人是指面向工业领域的机器人,那么协作机器人就是为实现与人直接交互而专门设计的机器人,因此,协作机器人(Collaborative Robot,简称 Cobot 或 Co. ro-bot)是一种可以与人类近距离互动的、在共同工作空间中工作的机器人。人机协同工作场景仿真如图 1.18 所示。

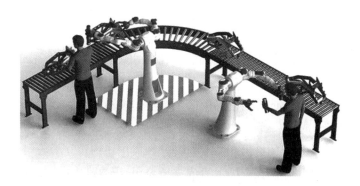

图 1.18 人机协同工作场景仿真

随着智能制造技术的发展,由工业机器人组成的自动化生产线已经成为制造装备业的核心组成部分。人们对定制化产品的需求日益增长,对生产制造提出了新的要求,智能化生产线需要更加灵活、安全、变化快速,以适应产品的更新换代。但在某些生产领域中,比如对高精度的零部件进行装配、对灵活性要求较高的密集劳动,人力操作是不可或缺的,因此,在这些场合中,协作机器人的特点可以充分得到利用,并且可以缩短产品制造的时间,加快生产单元的快速更换,人机协作机器人将有更大的使用需求。协作机器人特点如图1.19所示。

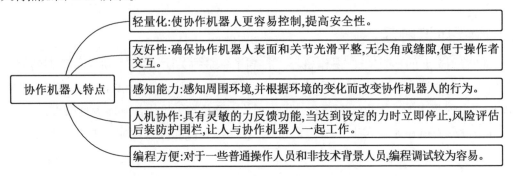

图1.19 协作机器人特点

1.2.2 协作机器人诞生过程

20世纪90年代是协作机器人的起步时间,它的发展大致经历了三个阶段:概念期、萌芽期和发展期。

(1)概念期。

近几年协作机器人获得了越来越多的关注。20世纪90年代协作机器人的概念被首次提出来。1996年,美国西北大学的2位教授J. Edward Colagte和Michael Peshkin首次提出了协作机器人的概念并申请了专利。

(2)萌芽期。

2003年,德国航空航天中心(DLR)的机器人与机电一体化研究所同库卡机器人有限公司联手,使产品从轻量型机器人向工业协作机器人转型。

2005年,随着致力于通过机器人技术增强小、中型企业劳动力水平的SME项目的开展,协作机器人在工业应用中迎来契机;同年,协作机器人企业Universal Robots(优傲机器人)在南丹麦大学成立。

2008年,Universal Robots推出世界上第一款协作机器人产品UR5;同年,协作机器人企业Rethink Robotics成立。

2012年,Universal Robots推出产品UR10,并在美国纽约设立子公司。

2013年,Universal Robots在中国上海成立子公司,正式进入中国市场。

(3)发展期。

2014年,ABB发布首台人机协作的双臂机器人YuMi,Fanuc、YASKAWA等多家工业机器人厂商相继推出协作机器人产品。

2015年,Universal Robots推出世界上首台桌面型协作机器人UR3;同年,ABB收购协作机器人公司Gomtec,增加单臂协作机器人产品线。

2016年,国内相关企业快速发展,相继推出协作机器人产品;同年,ISO推出《机器人和机器人设备——协作机器人》(ISO/TS 15066:2016),明确协作机器人使用环境中的相关安全技术规范。

2016 年,协作机器人在市场中开始火爆起来,同时期很多企业也相继推出了非常多优秀的产品。市场上对协作机器人的需求量供不应求。据国际机器人联合会(IFR)统计,近几年全球安装的工业机器人中,只有不到 4% 是协作机器人,2017 年我国协作机器人产量为 2 218 台,2018 年我国协作机器人产量在 3 810 台左右,约占同期国内工业机器人总产量的 2.58%。2015—2018 年我国协作机器人产量占工业机器人产量比重呈增长趋势,2019 年我国协作机器人产量超过 5 000 台,市场空间非常大。

1.2.3 协作机器人的发展现状

1. 国外发展现状

从协作机器人概念首次提出到现在,经过 20 多年的发展,全球研制出各自的协作机器人的公司已经超过 50 家。从现状来说,大部分协作机器人应用于汽车装配、医疗、仓储物流和服务等工业领域。相对来说,我国关于协作机器人的研究起步较晚,直到近几年才走上正轨。

2008 年,全球首台协作机器人 UR5 问世,这台机器人有 6 个关节,质量为 18 kg,可承担负载 5 kg,臂展 800 mm,这台协作机器人安装便捷、部署灵活、安全可靠、编程简单,这些方面都优于传统的智能机器人。随着 UR 系列的突起,协作机器人市场的大门被打开,多家传统工业机器人企业纷纷转型投向这一新领域,同时,很多初创科研企业也先后推出自己的优秀产品。Rethink Robotics 推出的双臂机器人以及 7 自由度单臂协作机器人,结构设计独特出色,控制性能优秀,赢得了多方赞誉。

2014 年 11 月,库卡在中国首次发布了该公司第一款 7 轴轻型灵敏机器人 LBR iiwa,首次实现人类与机器人之间的直接合作,开启了"人机协作"的新篇章。LBR iiwa 机器人(图 1.20)的结构采用铝质材料制造,其自身质量不超过 30 kg,负载质量可分别达到 7 kg 和 14 kg,超薄的设计与轻铝机身令其运转迅速,灵活性强,可不设置安全屏障。

2015 年,ABB 公司在德国汉诺威工业博览会上正式推出了双臂人机协作机器人 YuMi(图 1.21)。YuMi 有 2 只手臂,动作灵巧,且以柔性材料包覆,再配以最新的力传感技术,实现了机器人与人类的近距离协作。

Fanuc 公司在 2016 年推出了 CR 系列机器人,这个系列的机器人采用软性材料制作肢体,在机器人的底座装上了力矩集成传感器,符合安全标准的同时还配上了运动捕捉功能,机器人的手臂部最大负载达到 35 kg,同时安全性能也非常高,可以在没有安全围栏隔离的情况下与人一起工作。Fanuc 推出的这款机器人还采用了绿色的机身,观感非常清新、环保,如图 1.22 所示。

图1.20 7轴协作机器人 LBR iiwa   图1.21 双臂协作 YuMi 机器人

2. 国内发展现状

国内协作机器人的研究起步较晚,但发展速度十分迅猛,研究成果也十分显著。原有的一些知名工业机器人厂家纷纷推出自己的协作机器人,众多新型机器人公司也开始专注于协作机器人开发。

新松机器人自动化股份有限公司、深圳市大族电机科技有限公司(大族电机)、遨博智能科技有限公司、达明机器人股份有限公司、哈工大机器人集团等都相继推出了自己的协作机器人。尤其是新松机器人自动化股份有限公司,2015年11月在上海工博会上首次推出了国内高端7轴协作机器人,如图1.23所示。这款柔性多关节机器人具有快速配置、牵引示教、视觉引导、碰撞检测等功能,具备高负载及低成本的有力优势,能够满足用户对于投资回报周期短及机器人产品安全性、灵活性高及人机协作性方面的需求。

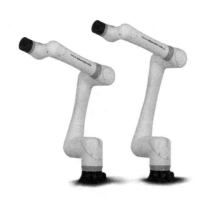

图1.22 CR 系列协作机器人   图1.23 新松7轴机器人

同年,台湾达明机器人股份有限公司隆重推出 TM5 协作型6轴机器人,这款机器人采用内建视觉辨识技术,高度整合了视觉和力觉等仿制感官的测辅系统,让机器人不仅能适应环境变化,还强调人机共处的安全性。其中手拉式引导教学,让使用者可以快速操作。TM5 协作机器人广泛运用在电子、制鞋、纺织、半导体和光电产业等各个领域。

2016 年和 2017 年,国内协作机器人快速发展,大族电机的 Elfin 6 轴协作机器人在上海工博会精彩亮相;哈工大机器人集团推出了轻型协作机器人 T5;等等。这些机器人都广泛应用在自动化产品线、焊接、打磨、装配、搬运、拾取和涂装等工作场合,以及机械加工、食品药品、汽配等中小制造企业。

3. 协作机器人未来发展趋势

协作机器人在设计上追求小型化、轻量型,生产模式更灵活高效,操作界面对于操作者也越来越友好,满足了大多数企业的投资回收周期,降低了企业自动化改造的门槛。越来越多的制造企业加入协作机器人的研发生产,目前协作机器人发展已呈现如下趋势。

(1)可扩展模块化架构。

在协作机器人身上模块化的设计概念尤为突出。科尔摩根最开始利用其电机厂家的优势将关键模块单独销售,一定程度上给予国内厂家很多学习和参考的机会。随着制造业的生产模式从大批量转向用户定制,未来机器人市场将会以功能模块为单位,在针对各个不同的作业要求进行个性化定制的同时,工程师可以把更多的精力放到控制器、示教器等其他核心部分的研究中。随着关节模块内零部件国产化的普及,价格也在逐年降低。泰科智能机器人关节模组块如图 1.24 所示。

图 1.24　泰科智能机器人关节模组块

(2)以自动化为目的的人工智能化。

利用机器学习的方法,采集不同任务情况下产生的人、环境与机器的交互数据并分析,给协作机器人赋予高级人工智能,打造一个更加智能化的生产闭环。同时,使用自然语言识别技术,让协作机器人具备基本的语音控制和交互能力。

(3)机械结构的仿生化。

协作机器人机械臂越接近人类手臂的结构,其灵活度就越高,更适合承担相对精细的任务,如生产流水线上辅助工人分拣、装配等工作。变胞三指灵巧手、柔性仿生机械手都属于提高协作机器人抓取能力的前沿技术。

(4)机器人系统生态化。

机器人系统生态化,可以吸引第三方开发围绕机器人的成熟工具和软件,如复杂的工具、机器人外围设备接口等,有助于降低机器人应用的配置困难,提升使用效率。

(5)与其他前沿技术融合。

协作机器人要适应未来复杂的工作环境,需要搭载先进技术,提升其软、硬件性能,如整合 AR 技术,有助于协作机器人应对更加多样化的工作任务和工作环境。

1.2.4　协作机器人与传统机器人的区别

对于工业机器人市场来说,协作机器人代表了快速增长的一个新领域。协作机器人是技术进步工业发展的必然产物,为了适应市场,协作机器人在许多制造工厂中柔性制造要求的应用成为现实。未来预计在这个新兴市场上,协作机器人的应用将出现指数级增长。而企业也将凭借提高协作机器人的灵活性使生产效率提高、运营成本降低。

当要设立一条自动化生产线时,应该选择协作机器人 Cobot 还是选择工业机器人 Robot 呢?工业机器人和协作机器人最主要的差异在哪呢?下面先来看看协助机器人的优点和缺点都有哪些。

1. 协作机器人的缺点

(1)负载承受力比工业机器人低。

在市场上,大部分的协作机器人负载在 10 kg 以下,而已经趋于成熟的工业机器人负载可以从 0.5 kg 到几百千克不等,覆盖面非常广,那在选择的时候,如果想选择大负载的机器人,应该首选工业机器人。

可承受负载低的原因主要与协作机器人的安全要求有关,如果把协作机器人负载能力加大的话,势必会导致自重的提升、电机功能的增强,这样的话对于安全等级要求极高的协作机器人是非常大的不确定因素,所以协作机器人的负载不能过大。

(2)价格较高。

很多人认为协作机器人小巧便捷,所以价格应该便宜才对,但实际上与相同负载的工业机器人对比,协作机器人的价格更高一些。因为协作机器人使用的每一个配件都要符合特有的安全要求,以达到不同国家的不同安全标准,同时还需要增加很多传感器,来提高协作机器人的安全系数,这势必会导致它的成本增加。

(3)动作速度较慢。

协作机器人的运转速度较慢,一般的协作机器人的最大线性运行速度远远低于工业机器人,有的还不到工业机器人的一半。因为协作机器人一直要强调的就是安全,要确保它的安全性,那么协作机器人使用的电机就要在保证运转速度的同时兼顾安全保护功能,这就导致协作机器人的速度不可以太快。例如,当需要机器人运载 10 kg 的物体时,机器人又具有极快的速度,那么安全性无法保证,只有把速度调整到相对可控的范围,才能确保人员和周围物品的安全。

（4）重复精度较低。

一直以来，协作机器人最遭诟病的地方就是它的精度，因为自身的质量受到了安全性限制，多数协作机器人快速运行时的抖动情况都十分严重，就更无法提高其精度。

当然这几年各大厂家都在想尽办法提升协作机器人的精度，但是就目前而言，与工业机器人相比还是要差一些，这里面需要特别提到的是 ABB 的 YuMi 双臂协作机器人，它的精度可以达到 0.05 mm，这在协作机器人领域是极难实现的，但是这款机器人的负载仅有 500 g。在市面上大多数协作机器人的重复精度是 0.3 mm，甚至经过大量的实践检测，很多协作机器人达不到这个水平的。

2. 协作机器人的优点

介绍了这么多协作机器人的不足之后，很多同学会有疑问，那还有引入协作机器人的必要吗？从这几年协作机器人如此强势的风头来看，如果它真的不好，为什么还有这么多企业在使用它呢？到底协作机器人的优势在哪里？

协作机器人的一切功能都是在保证安全性的前提下开展的，但是安全绝对不是它被大量推广和使用的根本原因。协作机器人的核心优势主要有以下三点。

（1）安装便捷。

协作机器人小巧灵活，安装起来不需要安全护栏，可以放置在工厂的任意位置，并且可以随意调整位置，非常便捷。

（2）调试简单。

非专业人士和不具备专业知识的操作员，对协作机器人的调试都能很快上手，只需要简单地移动机器人的身体就可以进行示教，非常简单。

（3）大大减少了安全事故。

相比工业机器人，协作机器人更容易控制，在操作中和工作中不易出现事故。

协作机器人的这些优点是由它自身的特点决定的。首先，它有 6 个扭矩传感器，它们可以在检测碰撞时确保安全，并且使机器人的移动更加精确。其次，伺服驱动模块通过电流来控制移动机器人，工业机器人的伺服驱动模块一般安装在控制柜中，而协作机器人则安装在它的每个关节处。通过对机器人的位置值进行双重计算，比起工业机器人，协作机器人更加精确和安全。此外，协作机器人还具有自动化、智能化和柔性化的特点。作为机器人行业第二条增长曲线，协作机器人代表了机器人应用的下一个时代。也就是机器并不会完全替代人，而是与人一起走向一种繁荣共生的状态，人机协作将充分发挥机器人的高效与人类的智慧，创造更多的生产力。

6 轴协作机器人如图 1.25 所示。

图 1.25　6 轴协作机器人

3.协作机器人与传统工业机器人的区别

协作机器人有它独特的优势,但缺点也很明显,两者特点对比见表 1.1。

表 1.1　协作机器人与传统工业机器人的特点对比

项目	协作机器人	传统工业机器人
目标市场	中小企业、适应柔性化生产要求的企业	大规模生产企业
生产模式	个性化、中小型生产线或人机混线的半自动场合	单一品种、大批量、周期性强、高节拍的全自动生产线
工业环境	可移动并可与人协作	固定安装且与人隔离
操作环境	编程简单直观、可拖动示教	专业人员编程、机器示教再现
常用领域	精密装配、检测、产品包装、抛光打磨等	焊接、喷涂、搬运、码垛等

协作机器人与传统工业机器人的主要差别如下:

①两者所面对的目标市场不同,最初研发协作机器人是为了提升中、小企业的劳动力水平,降低成本,提高企业竞争力,这样就可以避免劳动力外包的情况(将工作机会留在国内),因此协作机器人最初的市场定位就是中、小企业,协作机器人的发展壮大也和中、小企业密不可分。

②两种机器人替代的对象不同,传统机器人代替的是生产线中的机器,机器人可以作为整个生产线中的重要组成部分,如果某个环节的机器人出现故障,那么在没有备用设备的情况下,整条生产线都要停工。相比之下,协作机器人代替的是人,协作机器人和人类之间可以互换,使得整个生产流程灵活性更强。

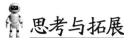 思考与拓展

1. 协作机器人的定义和特点是什么？
2. 协作机器人的优点和缺点有哪些？
3. 总结一下协作机器人和传统机器人的区别。

1.3　协作机器人基础知识

学习目标

1. 了解协作机器人的相关技术参数。
2. 熟悉不同类型机器人工作空间的概念。

知识内容

　　一台机器人是否能够胜任某项工作的操作性能要求,最主要的参照指标就是技术参数,这也是机器人选型和使用时必须考虑的问题,机器人涉及的主要技术参数有自由度、分辨率、工作空间、工作速度和工作载荷等,与机器人技术参数相关的还有外观、结构电气设备、机器的可靠性(实际使用情况下平均无故障工作时间(MTBF)和可维修时间(MTTR))和安全性。

1.3.1　协作机器人的技术参数

　　当决定选用协作机器人的时候,要了解协作机器人的主要相关技术参数,之后再根据生产和工艺的实际要求,通过机器人的数据指标对照选用。协作机器人的技术参数更加详细地反映了机器人的适用范围和工作性能,主要包括自由度、额定负载、工作空间、工作精度、工作速度、控制方式、驱动方式、安装方式、动力源容量、本体质量和环境参数等。

1. 自由度

　　自由度是协作机器人的重要参数指标,是描述物体运动时所需要独立坐标的数目。运动自由度指机器人操作时在空间运动中所需的变量数,机器人的动作灵活度主要看这个参数,一般以沿轴线移动和绕轴线转动的独立运动的数目来表示。

　　空间坐标系又称笛卡儿直角坐标系,以空间一点 O 为原点,建立 3 条两两相互垂直的数轴,即 X 轴、Y 轴和 Z 轴。机器人系统中常用的坐标系为右手坐标系,即 3 个轴的正方向符合右手规则:右手大拇指指向 Z 轴正方向,食指指向 X 轴正方向,中指指向 Y 轴正方向,如图 1.26 所示。

前述机器人的自由度指的是机器人相对坐标系能够进行独立运动的数目,但是这个数目通常不包括末端执行器的动作,如焊接、喷涂等工艺。

自由物体在空间有6个自由度,包括3个转动自由度和3个移动自由度。以工业机器人为例,往往是个开式连杆系,每个关节运动匹配1个自由度,因此机器人的自由度数目就相当于它的关节数。所以,1台机器人的自由度数目越多,它的功能就越强。目前,大多数的协作机器人通常具有4~6个自由度。当机器人的关节数也就是自由度增加到对末端执行器的定向和定位不起作用时,便出现了冗余自由度。冗余自由度的出现也就增加了机器人工作的灵活性,但也会使控制变得复杂起来。

从运动方式上来说,工业机器人可以分为直线运动P和旋转运动R两种,如RPRR就表示机器人操作机具有4个自由度,从基座开始到臂端,关节运动的方式依次为旋转、直线、旋转、旋转。此外,工业机器人的运动自由度还有运动范围的限制。PR型机器人如图1.27所示。

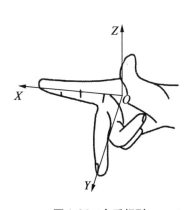

图1.26 右手规则

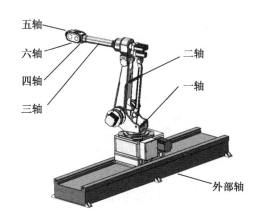

图1.27 PR型机器人

综上所述,协作机器人的自由度可以概括为以下几点:

(1)具有坐标轴且独立运动的数目;

(2)确定机器人手部在空间的位置和姿态时所需要的独立运动参数的数目;

(3)机器人末端执行器的自由度一般不包括在内;

(4)机器人的自由度数等于关节数目;

(5)机器人常用的自由度数通常为4~6个。

2. 承载能力及额定负载

承载能力通常指机器人在工作范围内、在任何位置和姿态上所能承受的最大负载量,我们通常用质量、力矩、惯性矩这几个变量来表示。1台机器的承载能力取决于负载的质量、运行速度、加速度的大小和方向。通常来说,运转速度越低,承载能力就会越大。出于安全考虑,我们认定的承载能力是以机器人在高速运行时所能抓起的工件质量作为指标的。

额定负载即有效负荷,指的是在正常作业条件下,协作机器人在规定性能范围内,手腕末端所能承受的最大载荷质量。

目前使用的协作机器人负载范围为 0.5～35 kg,详见表 1.2。

表 1.2　协作机器人的额定负载

品牌	ABB	Fanuc	Universal Robots	COMAU
型号	YuMi	CR - 35iA	UR5	E. DO
实物图				
额定负载 /kg	0.5	35	5	1
品牌	KAWASAKI	Rethink Roboties	达明	哈工大机器人集团
型号	duAro	Sawyer	TM5	T5
实物图				
额定负载 /kg	2	4	4	5

3. 工作精度

我们通常所说的协作机器人的工作精度,其实是包含了定位精度、重复定位精度以及分辨率几个指标的。

(1)定位精度也称绝对精度,指的是机器人手腕末端执行器(抓手)实际到达位置与目标位置之间的差距,如图 1.28 所示。

(2)重复定位精度简称重复精度或重复性,是指在同一个运动位置命令下,机器人反复定位其末端执行器于同一目标位置的能力,以实际位置值的分散程度来表示,如图 1.29所示。例如,我们要求某台协作机器人的其中一个轴移动 100 mm,第一次动作的时候,实际上机器人移动了 100.01 mm,再次对机器人设定同样的动作,第二次机器人移动了 99.99 mm,那么这两次的误差就是 0.01 mm,这个值就是重复定位精度。这个精度也是衡量误差值的,也就是重复度。机器人的精度不单单取决于机器人关节的电机及传动系统,还与机械装配工艺有很大的关系,很多机器人设计出来的时候重复精度很高,在组装机器人时,由于装配不到位而导致其重复精度下降。

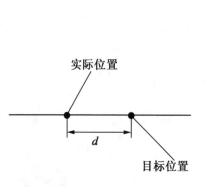

图 1.28　定位精度

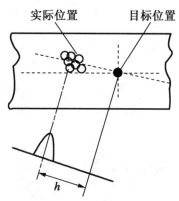

图 1.29　重复定位精度

分辨率是指机器人每根轴能够实现的最小移动距离或最小转动角度。定位精度和分辨率并不一定相关,它们是根据机器人使用要求确定的,取决于机器人的机械精度与电气精度。一些常见协作机器人的重度定位精度值见表 1.3。

表 1.3　常见协作机器人的重复定位精度值

品牌	ABB	Fanuc	Universal Robots	KUKA
型号	YuMi	CR－35iA	UR5	iiwa
实物图				
重复定位精度/mm	±0.02	±0.08	±0.03	±0.1

1.3.2　机器人的其他相关参数

1. 驱动方式

驱动方式是指提供给机器人动作的动力源形式,主要有液压驱动、气压驱动和电力驱动等方式。

2. 控制方式

控制方式是指机器人用于控制轴的方式,以目前的情况来说,主要有伺服控制和非伺服控制。

3. 工作速度

工作速度特指机器人工作在载荷条件下、匀速运动中，机械接口中心或工具中心点在额定时间内所移动的距离或转动的角度。产品说明书中提供的参数主要是运动自由度的最大稳定速度，但在实际应用中仅考虑最大稳定速度是不行的。因为运动循环包括加速启动、等速运行和减速制动三个过程。如果最大稳定速度高于允许的极限加速度时，加、减速的时间就会长一些，即有效速度就会低一些。所以，在考虑机器人运动特性时，除了要关注最大稳定速度外，还要注意其最大允许的加、减速度。

4. 动态特性结构参数

动态特性结构参数主要包括质量、惯性矩、刚度、阻尼系数、固有频率和振动模态。

设计时应该尽量减小质量和惯量。对于机器人的刚度来说，若刚度性能较差，那么机器人的位姿精度和系统的固有频率将会下降，从而导致系统动态不稳定；但对于某些作业来说，适当地增加柔顺性是非常有利的，最理想的状态就是机器人臂杆的刚度可调。增加系统的阻尼对于缩短振荡的衰减时间、提高系统的动态稳定性是有利的。提高系统的固有频率，避开工作频率范围，也有利于提高系统的稳定性。

1.3.3 机器人的工作空间

工作空间是指机器人的工作范围和工作行程，主要是指协作机器人在作业时，以手腕原位定点为参考中心，当手腕旋转时所能到达的空间区域，但是这个空间不包括手部本身所能达到的区域，这个参数通常用图形表示。图 1.30 所示为川崎 6 轴机器人 BA006L 的工作空间，图中机器人以机座关节为中心，左侧最大 1 706.2 mm，右侧最大 2 036.2 mm 范围内的区域就是该机器人的工作空间。

（1）操作机的工作空间。

操作机的工作空间，是指机器人操作机正常运行时，末端执行器坐标系的原点能在空间活动的最大范围；或者说该原点可达点占有的体积空间。这一空间又称可达空间或总工作空间，记作 $W(P)$。

（2）灵活工作空间。

在总工作空间内，末端执行器可以任意姿态达到的点所构成的工作空间为灵活工作空间，记作 $W_{\mathrm{p}}(P)$。

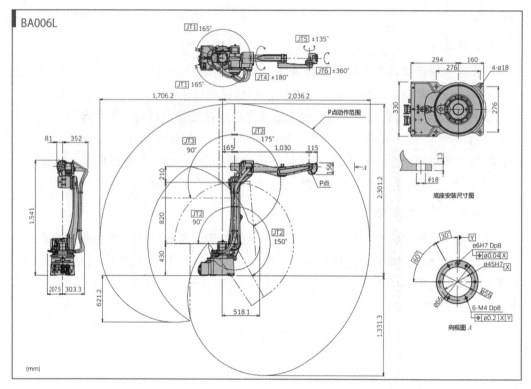

图 1.30　川崎 6 轴机器人 BA006L 的工作空间

（3）次工作空间。

总工作空间中去掉灵活工作空间所余下的部分为次工作空间，记作 $W_s(P)$。

根据定义有

$$W(P) = W_p(P) + W_s(P)$$

一般说来，工作空间是一块或多块体积空间，都具有一定的边界曲面（有时是边界线）。$W(P)$ 边界面上的点所对应的操作机的位置和姿态均为奇异位形。与奇异位形相应的机器人的速度雅可比矩阵是奇异的，即雅可比矩阵的行列式值等于零。所以操作机的工作空间边界面又常称作雅可比曲面。

机器人的原点位置是机器人本体的各个轴同时处于机械原点时的姿态，而机械原点是机器人某一本体轴的角度显示为 0°时的状态。

机器人各轴的机械原点在机械臂上都有对应的标记位置，如图 1.31、1.32 所示。

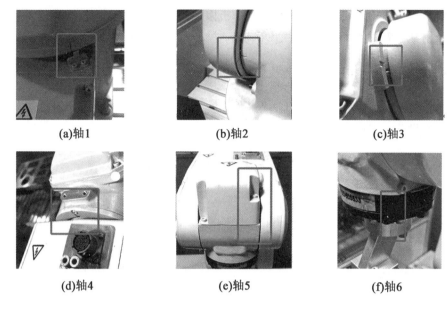

图 1.31　ABB IRB120 各轴对应的机械原点标记位置

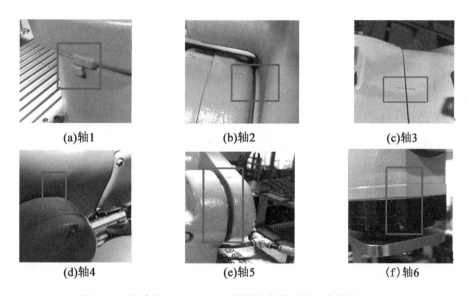

图 1.32　埃夫特 ER3B – C30 各轴对应的机械原点的标记位置

　　各种型号的机器人机械原点标记位置有所不同,对应的原点位置也会不一样。原点位置具体要参照机器人使用说明书或手册。

　　(4)灵活工作空间内点的灵活程度受到操作机结构的影响,通常分为两类。

　　①末端执行器以全方位到达的点所构成的灵活空间,表示为 $W_{p1}(P)$。

　　②只能以有限个方位到达的点所构成的灵活空间,表示为 $W_{p2}(P)$。

　　(5)工作空间的两个基本问题。

①给出某一结构形式和结构参数的操作机以及关节变量的变化范围,求工作空间。

②给出某一限定的工作空间,求操作机的结构形式、参数和关节变量的变化范围。

思考与拓展

1.协作机器人主要参数指标的含义是什么?

2.协作机器人工作空间的定义是什么?

第2章　机械臂运动学认知

2.1　机器人运动学与动力学

学习目标

1. 了解机器人运动学的概念。
2. 了解机器人动力学的概念。

知识内容

在自然界中,没有不运动的物体,也没有能离开物体的运动。在机器人学中描述机器人机构中物体位置随时间变化的规律,以研究质点和刚体这两个简化模型的运动为基础,并进一步研究变形体(弹性体、流体等)的运动的学科称为运动学。而机器人的运动需要力的参与,涉及运动又涉及受力情况,研究作用于物体的力和物体运动之间的一般关系的学科称为动力学,具体到机械臂,就是解决机械臂各关节受力大小和它运动之间的关系。已知运动的特性能够求出对应的力的大小,反之,已知受力的大小,可以计算出机械的运动特性,本节重点介绍运动学与动力学的相关概念与定义。

2.1.1　机器人运动学的定义

机器人运动学是只研究物体怎样运动而不涉及运动与力之间关系的理论,包括正向运动学和逆向运动学,正向运动学是已知机器人关节变量的情况下,计算机器人末端的位置和姿态,如图2.1所示。

图2.1　机械臂正向运动学

逆向运动学即已知机器人末端的位置姿态,计算机器人对应位置的全部关节变量,如图2.2所示,一般正向运动学的解是唯一和容易获得的,而逆向运动学往往有多个解

而且分析更为复杂。

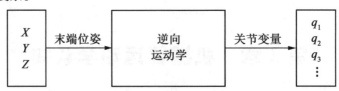

图 2.2　机械臂逆向运动学

2.1.2　机器人动力学定义

前面介绍运动学时,学习了怎样描述物体的运动,但没有讨论物体为何会这样运动,因此诞生出动力学这一学科。机器人动力学是对机器人机构的力和运动之间关系与平衡进行研究的学科。机器人动力系统是复杂的动力学系统,如何处理物体的动态响应取决于机器人动力学模型和控制算法,主要研究动力学正问题和动力学逆问题两个方面,其中正向动力学是指已知作用在机器人各关节的力,求该关节对应的运动轨迹,即求关节的位移、速度和加速度,如图 2.3 所示。

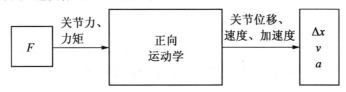

图 2.3　机械臂正向动力学

逆向动力学则与之相反,已知机器人关节当前的位移、速度、加速度,求解各关节驱动力和驱动力矩,如图 2.4 所示。简而言之,动力学是解决机器人各关节受力大小和它运动之间的关系,已知运动的轨迹能够求出对应的力的大小;反之,已知受力的大小,可以计算出机器人的运动轨迹。

图 2.4　机械臂逆向动力学

2.1.3　机器人运动学与动力学的控制实现

机器人具体运动的实现既需要运用运动学的知识计算出机器人末端的位置姿态,也需要运用动力学的内容推导出机器人实现运动的力。在机器人控制架构上,机器人运动学与动力学的控制实现可以分成非集中控制(Decentralized Control)和集中控制(Centralized Control）。

非集中控制是当下最常见的控制方法，各个电机作为独立的子系统生成力矩控制，电机之间的相互作用视为干扰量，对于动态响应要求不高，不考虑动力学影响也可实现较好的控制效果。简单来说，就是把机器人的控制问题转化成了电机的控制问题，如图2.5所示。

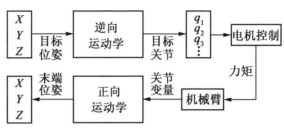

图2.5 机器人非集中控制的实现过程

虽然没有对动力学显性建模，但实际上动力学是物理上客观存在的，如重力、惯性力、摩擦力等，电机之间也会有互相作用，在不考虑动力学的情况下，将这些外力都视为干扰，由电机的控制器自行补偿，若考虑动力学模型时，需要将电机间互相作用的力计算出来，作为一种前馈补偿，在控制效果上会得到一定增强，伺服控制器会补偿剩下的误差，鲁棒性很高。

集中控制是将机器人各关节作为一个整体的控制对象进行控制，需要将动力学的影响考虑在内，相比之前动力学只作为前馈而言，这才是真正意义上的动力学控制，与之不同的是，根据动力学模型设计控制规则，直接生成力矩控制力，将机器人系统作为一个整体来实施控制，而不是分成子系统，如图2.6所示，这样控制的优势在于对相互作用力有一定的控制作用，可以做柔顺控制、力控制。然而使用动力学控制并非没有缺点，因为系统需要实时进行动力学计算，所以系统实时控制实现起来较为困难。

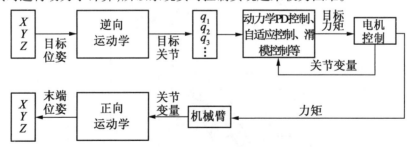

图2.6 机器人集中控制实现过程

思考与拓展

1. 机器人运动学的定义是什么？

2. 机器人动力学的定义是什么？

3. 机器人集中控制和非集中控制的区别是什么？

2.2 Taskor 机械臂运动学解析

学习目标

1. 掌握机械臂正向运动学求解过程。
2. 掌握机械臂逆向运动学求解过程。

知识内容

机械臂的运动学分析分为正向运动学和逆向运动学,正向运动学即给定机器人各关节变量,计算机器人末端的位置姿态;逆向运动学即已知机器人末端的位置姿态,计算机器人对应位置的全部关节变量,本节以 Taskor 机械臂为例,对 3 轴关节机器人运动学进行分析。

2.2.1 Taskor 机械臂正向运动学解析

已知 Taskor 机械臂底座、大臂、小臂参考角度,求解末端执行器的相对机械臂坐标,由 Taskor 机械臂模型俯视图(图 2.7)可得出,若已知垂直投影的长度就能够通过三角函数计算出机械臂的坐标 X、Y,由 Taskor 机械臂模型主视图(图 2.8)可得出 Z 轴的数值与短边 n、底座高 h、末端执行器 r 之间的关系。

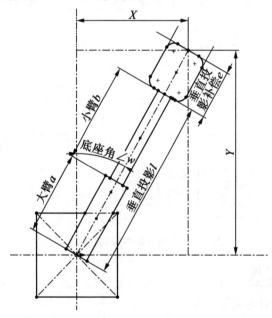

图 2.7 Taskor 机械臂模型俯视图

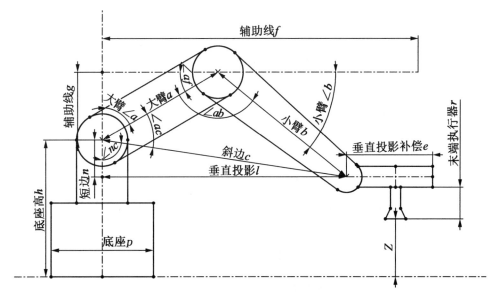

图 2.8　**Taskor** 机械臂模型主视图

具体求解过程如下：

①求短边 n，使用余弦定理，需要先求出斜边 c 和 $\angle nc$。

先求斜边 c 的长度，通过观察图 2.8，斜边 c 可由余弦定理推导出，从图中看出 $\angle ab$、$\angle b$ 与 $\angle af$ 为互补关系，$\angle af$ 与 $\angle a$ 为互余关系，所以可以得到

$$\angle ab = 180° - \angle b - (90° - \angle a)$$

由余弦定理

$$c^2 = a^2 + b^2 - 2ab\cos C$$

得出

$$c = \sqrt{a^2 + b^2 - 2ab\cos \angle ab}$$

由余弦定理得

$$\angle ac = \arccos \frac{a^2 + c^2 - b^2}{2ac}$$

由图 2.8 知，$\angle a$、$\angle ac$、$\angle nc$ 三个角的和为 $180°$，可得出

$$\angle nc = 180° - \angle a - \angle ac$$

再通过直角三角形的余弦定理得

$$\cos \angle nc = \frac{n}{c}$$

$$n = c \times \cos \angle nc$$

再通过正弦定理求出 l：

$$\sin \angle nc = \frac{l}{c}$$

$$l = c \times \sin \angle nc$$

②求解坐标 X、Y。由图2.7可知,通过直角三角形中的正弦与余弦定理可以求出 X、Y,但需要注意,这里 l 需要加上垂直投影补偿 e 的长度,由于 Taskor 底座角为 $90°$ 时 X 为 0,所以底座角需要偏移 $90°$,应直接减去 $90°$。

通过正弦余弦定理得

$$X = (l + e) \times \sin(\angle w - 90°)$$
$$Y = (l + e) \times \cos(\angle w - 90°)$$

③求解 Z 轴,从图2.8看出,因为推导运动学是基于大臂与小臂组成的三角形,所以推导出的高度其实是小臂末端的高度,还需要把这个高度转换到末端执行器上,所以计算时候应减去末端执行器的高度,即

$$Z = h - n - r$$

2.2.2　Taskor 机械臂逆向运动学解析

机械臂逆向运动学是已知末端坐标系相对于基坐标系的期望位置和姿态,计算一系列满足期望要求的关节角,而机械臂正向运动学是给定一组 Taskor 机械臂的关节角度,计算末端坐标系相对于基坐标系的位置和姿态。不难发现,逆向运动学与正向运动学恰好相反,但在逆向运动学求解时必须考虑其存在性、多解性以及求解方法。

1. 运动学方程求解的存在性

计算机械臂逆向运动学首先要考虑可解性,即考虑是否有无解、多解的情况。逆向运动学的解是否存在取决于期望位姿是否在机械臂末端执行器能够达到的范围内,即机械臂的最大工作范围内。若末端执行器上被指定的目标点位于机械臂的最大工作范围内,那么至少存在一组逆向运动学的解。

2. 运动学方程多解性

逆向运动学解的个数取决于机械臂的关节数量,也与连杆参数和关节运动范围有关。机械臂的关节数量越多,连杆的非零参数越多,达到某一位姿的方式也随之增加,那么逆向运动学的解的数量也就越多。

对于多解的情况,如图2.9所示,该平面二杆机械臂(两个关节可以 $360°$ 旋转)在工作空间内存在两个解。

当逆向运动学有多个解时,控制程序在运行时必须选择其中一个解,然后发送指令给驱动器驱动机械臂关节进行旋转或者平移。那么当有许多不同的解时该如何选择最合适的解,其中较为合理的方法就是选择"最短行程"的解。如图2.10所示,如果机械臂在 A 点,期望运动到 B 点,合理的解是关节运动量最小的那个。因此,在不存在障碍物的情况下,距离机械臂最近的虚线构型会被选为逆向运动学的解,而存在障碍物时,"最短

行程"的路径与其发生碰撞,就要选择另一条运动距离较远的解,从而避开障碍物到达期望的位姿。因此在考虑碰撞、路径规划问题的时候,我们需要计算出可能存在的所有解。

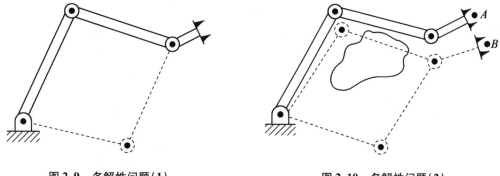

图 2.9　多解性问题(1)　　　　　　图 2.10　多解性问题(2)

3. 逆向运动学解析

对于 Taskor 机械臂逆向运动学求解而言,涉及底座角∠w、小臂∠b、大臂∠a 三个参数的求解,求解过程如下。

通过观察图 2.11,发现∠w 可以直接通过反正切函数求出。观察图 2.12 可以看出∠b 和∠ab 为互余关系,直接通过余弦定理求出∠ab 就能得出∠b,但是大臂∠a 并不像前两者一样可以直接得出,具体求解过程如下。

(1)求解底座角。

观察图 2.11 得出,已知 X、Y,根据反正切函数可以得

$$\angle w = \arctan \frac{X}{Y}$$

(2)求解小臂角。

由图 2.12 可以看出,小臂∠b 与∠ab、∠af 为互补关系,可以通过求出∠af 与∠ab 从而间接得出小臂∠b,∠ab 可直接通过余弦定理得出,不过在此之前应先求出 c,∠af 在直角三角形 GAF 中与大臂角为互余关系。

根据勾股定理可以得出

$$c = \sqrt{n^2 + l^2}$$

根据反余弦函数得出

$$\angle ab = \arccos \frac{a^2 + b^2 - c^2}{2ab}$$

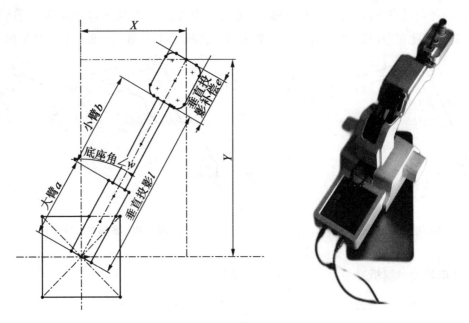

图 2.11　Taskor 机械臂模型及实物俯视图

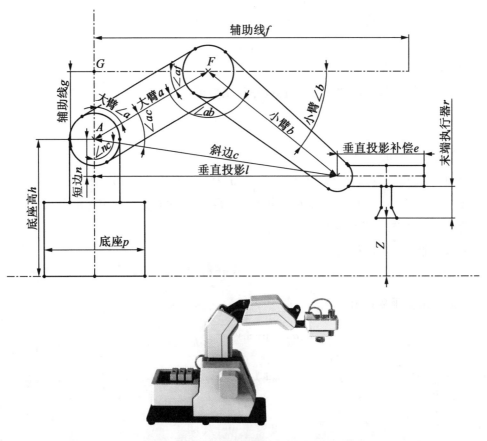

图 2.12　Taskor 机械臂模型及实物主视图

因为$\angle af$在直角$\triangle GAF$中与大臂角为互余关系,所以得

$$\angle af = 90° - \angle a$$

最终得出小臂角

$$\angle b = 180° - \angle af - \angle ab$$

(3)求解大臂角。

大臂角的求解分为$Z + r$(小臂端点高度)$< h$(底座高)、$Z + r > h$、$Z + r = h$ 三种情况,之所以讨论$Z + r$,因为推导运动学是基于大臂与小臂组成的三角形,因此末端执行器的这一段是属于多出来的一段,输入的是X轴、Y轴、Z轴的数据,Z轴与之对应的是末端执行器的高度而不是小臂末端的高度,所以计算时应该加上末端执行器的高度作为补偿。

观察图 2.12,根据勾股定理求出垂直投影,因为计算的是小臂与大臂构成的三角形,所以不需要末端执行器的距离(在图 2.12 中体现为垂直投影补偿e),故

$$l = \sqrt{x^2 + y^2} - e$$

第 1 种情况:$Z + r < h$。

通过观察图 2.12,要求的角度是$\angle a$,但是$\angle a$ 没法直接求解,但是观察图像发现$\angle a$、$\angle ac$、$\angle nc$ 三者为互补关系,而$\angle ac$ 和$\angle nc$ 可以直接通过三角函数求解,所以可以通过求出$\angle ac$ 和$\angle nc$ 从而间接得出$\angle a$。

由于c已经求出,这里直接通过反余弦函数得

$$\angle ac = \arccos \frac{a^2 + c^2 - b^2}{2ac}$$

从图中看出

$$n = h - Z - r$$

通过反正切函数得

$$\angle nc = \arctan \frac{l}{n}$$

得出大臂角

$$\angle a = 180° - (\angle ac + \angle nc)$$

第 2 种情况:$Z + r > h$,如图 2.13 所示。

通过观察图 2.13,可以得出与第一种情况不同的是这里的短边移动到了右边,$\angle nc$ 的值为$\angle cl + 90°$。

为保证短边为正数,这里使用$Z - h$得出短边

$$n = Z + r - h$$

通过反余弦公式得

$$\angle ac = \arccos \frac{a^2 + c^2 - b^2}{2ac}$$

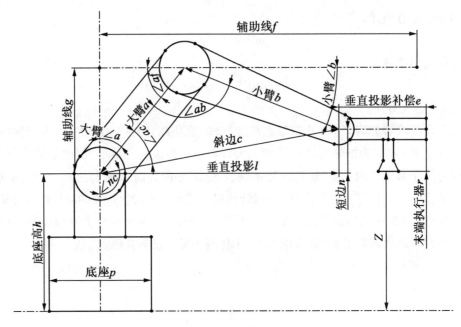

图 2.13 机械臂模型主视图 2

与上一种情况不同的是,由于短边移动位置,反正切函数的对应关系不一致。根据反正切函数求解,得

$$\angle cl = \arctan \frac{n}{l}$$

$$\angle nc = \angle cl + 90°$$

得出大臂角

$$\angle a = 180° - (\angle ac + \angle nc)$$

第 3 种情况:$Z + r =$ 底座高,如图 2.14 所示。

通过观察图 2.14,可以直接得出 $\angle nc$ 为直角,所以这一步不需要求解 $\angle nc$。

通过反余弦函数得出

$$\angle ac = \arccos \frac{a^2 + c^2 - b^2}{2ac}$$

得出大臂角

$$\angle a = 180° - (\angle ac + \angle nc)$$

总结以上推导公式,底座角、小臂角、大臂角公式如下:

底座角 $\angle w = \arctan \dfrac{x}{y}$、小臂 $\angle b = 90° - \arccos \dfrac{a^2 + b^2 - c^2}{2ab}$、大臂 $\angle a = 180° - (\angle ac + \angle nc)$。

其中 $\angle nc$ 有三种情况:当 $Z + r < h$ 时,$\angle nc = \arctan \dfrac{l}{n}$;当 $Z + r > h$ 时,$\angle cl = \arctan \dfrac{n}{l}$,$\angle nc = \angle cl + 90°$;当 $Z + r = h$ 时,$\angle nc = 90°$。

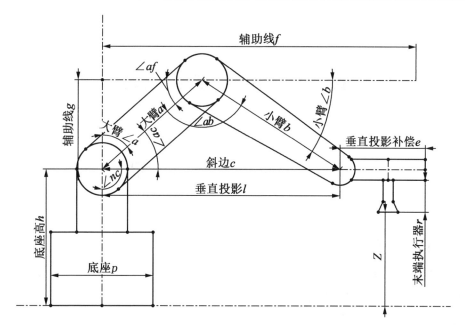

图 2.14 机械臂模型主视图 3

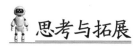 思考与拓展

求解机械臂的正向运动学还有哪些方法？

第3章　Taskor 机械臂设备介绍

3.1　Taskor 机械臂介绍

学习目标

1. 了解 Taskor 机械臂的组成。
2. 掌握 Taskor 机械臂的安装方式。

知识内容

3.1.1　机械臂的组成

Taskor 机械臂主要由 3 部分组成:操作机、控制器和示教器,图 3.1 为 Taskor 机械臂的组成示意图,各部分功能如下。

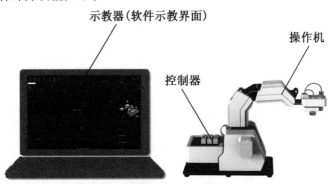

示教器(软件示教界面)　操作机

控制器

图 3.1　Taskor 机械臂组成

操作机:操作机又称机器人本体,是 Taskor 机械臂的机械主体,是用来完成规定任务的执行机构。

控制器:控制器用来控制工业机器人按规定要求完成动作,是机器人的核心部分,它类似于人的大脑,控制着机器人的全部动作。

示教器:示教器是机器人的人机交互接口,针对机械臂的所有操作基本上都是通过示教器来完成的,如编写、测试和运行机械臂程序,查阅机器人状态设置和位置等。

3.1.2 机械臂本体

Taskor 机械臂是一款 3 轴机械臂,每个轴均由单独的电机驱动,各机械臂电机分布如图 3.2 所示。它可以在编程后实现移动、吸取等动作,利用吸盘,机械臂可以实现小件物体的移动,在特定场景下进行辅助工作。

Taskor 机械臂本体上包含电源接口、Type - B 数据线接口、电源开关、显示屏、1 个内置传感器和 5 个外置传感器(I/O 接口),如图 3.3 所示。

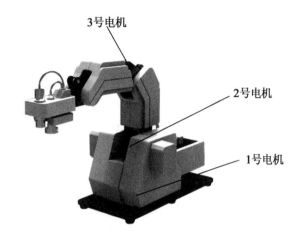

图 3.2 Taskor 机械臂电机分布

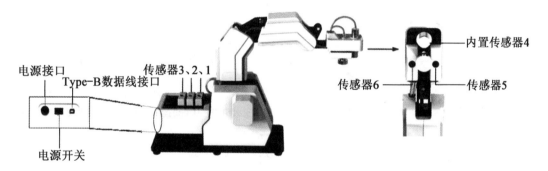

图 3.3 机械臂本体及端口分布

3.1.3 Taskor 主要端口及技术指标

Taskor 主要端口及技术指标见表 3.1。

表 3.1 Taskor 主要端口及技术指标

名称	功能	参数
轴数	Taskor 机械臂自由度	≥3 轴
材质	Taskor 机械臂材质	铝合金、塑料
质量	Taskor 机械臂质量	(4.77 ±0.5)kg
环境温度	正常工作环境要求	−10 ~60 ℃
控制器	Taskor 机械臂控制核心	STM32 核心控制板
电源接口	Taskor 机械臂供电	12 V/5 A,DC
电源开关	控制电源通断	10 mm×15 mm 船形开关

续表3.1

名称	功能	参数
数据线接口	连接计算机与机械臂本体	Type – B
显示屏	显示机器人端口状态	像素尺寸≥128×64
传感器接口	输入输出端口连接	磁吸式3线接口
电机	驱动相应轴转动	1号电机范围:0°~180°;2号电机范围:0°~65°; 3号电机范围:0°~65°

3.1.4　机械臂的安装方式

协作机器人有四种常见的安装方式,如图3.4所示。Taskor机械臂本体仅支持水平放置在桌面上,即采用图3.4(a)所示方式进行安装。

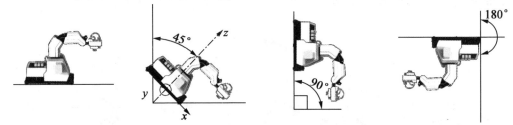

　(a)地面安装0°(垂直)　(b)安装角度45°(倾斜)　(c)安装角度90°(壁挂)　(d)安装角度180°(悬挂)

图3.4　协作机器人常见安装方式

3.2　Taskor 机械臂传感器模块

学习目标

1.了解I/O的基本概念。

2.了解传感器的分类及应用。

3.了解机械臂的I/O接口和传感器。

知识内容

3.2.1　传感器的定义

传感器是利用物体的物理、化学变化,并将这些变化变换成电信号(电压、电流和频

率)的装置,通常由敏感元件、转换元件和基本转换电路组成,如图 3.5 所示。其中,敏感元件的基本功能是将某种不易测量的物理量转换为易于测量的物理量,转换元件的功能是将敏感元件输出的物理量转换为电量,它与敏感元件一起构成传感器的主要部分;基本转换电路的功能是将敏感元件产生的不易测量的小信号进行变换,使传感器的信号输出符合具体工业系统的要求(如 4~20 mA、-5~5 V)。

图 3.5　传感器的组成

在日常生活中,传感器的应用随处可见,人们使用传感器来测量温度、测量距离、检测烟雾、调节压力等。仅在普通汽车中,就有数十种不同类型的传感器,胎压传感器监测轮胎气压,自动驾驶汽车配备了激光雷达、超声波等传感器。随着技术的发展,传感器的使用将继续扩展到人们生活的方方面面,工程师和科学家们将传感器进一步应用到运输、医疗、检测、人工智能等众多方面,那么在 Taskor 机械臂上涉及哪些传感器模块呢?

3.2.2　Taskor 机械臂配套传感器模块介绍

Taskor 机械臂一共配套的 10 个传感器中有 8 个输入设备和 2 个输出设备,见表 3.2 所列。

表 3.2　传感器的组成

序号	名称	作用	样式
1	刺激性气体传感器	对气体比较敏感,可以探测刺激性气体,如煤气、沼气等	
2	光敏传感器	对光线比较敏感,可以在黑暗环境中探测到亮光	

续表 3.2

序号	名称	作用	样式
3	温度传感器	探测周围环境温度,启动后浮动范围在实际温度的上下2℃左右	
4	湿度传感器	探测环境湿度	
5	火焰传感器	探测火焰的特征光线,仅仅对火焰有识别功能	
6	触摸传感器	识别人体对传感器的触摸	
7	碰撞开关	碰撞开关是一个轻触开关,可以在 Taskor 机械臂调试中做紧急开关或者防止碰撞的开关使用	

续表 3.2

序号	名称	作用	样式
8	人体红外传感器	识别人体辐射出的红外线,人体红外传感器启动时间较慢,需要等待大约 30 s	
9	LED 灯	LED 灯是输出模块,可以用程序控制 LED 灯的亮、灭和闪烁等状态	
10	风扇	电机风扇是输出模块,可以用程序控制风扇的转动	

可以看出每一个传感器都是一个独立的个体,那么机械臂是如何获取这些传感器信息的? 信息传递肯定是需要纽带的,机器人获取传感器信息则需要通过机器人上面的 I/O 接口。

3.2.3 I/O 接口的定义

I/O 接口又称 Input(输入)/Output(输出)接口,是信息处理系统(如计算机)与外界(人或其他信息处理系统)之间的通信。输入是指系统接收到的信号或数据,输出是指系统发出的信号或数据。在机器人上一般将 I/O 接口分为数字量(DI/O)接口、模拟量(AI/O)接口,在 Taskor 机械臂上的 I/O 接口就是机械臂控制器与传感器进行信息交换的纽带。如图 3.6 所示,Taskor 机械臂一共有 6 个 I/O 接口,末端与底座分别占 3 个。

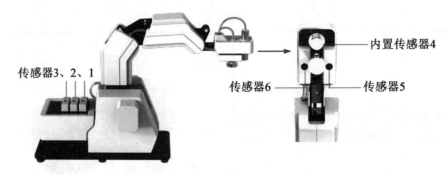

图 3.6　Taskor 机械臂 I/O 接口

3.3　机器人视觉系统概述

学习目标

1. 了解协作机器人视觉系统的基本概念。

2. 了解机器人视觉的应用。

3. 了解协作机器人视觉系统的安装及使用。

4. 了解视觉成像原理。

知识内容

3.3.1　机器视觉介绍

所谓机器视觉,就是用机器代替人眼进行测量和判断。机器视觉系统利用照相机将被摄体转换成图像信号,输入已经调试好的图像处理系统,从而获得目标的形态信息,并基于像素分布、颜色等信息转换成数字信号。机器人系统对这些信号进行各种运算,提取目标特征,并根据判别结果控制现场的设备操作。

3.3.2　机器视觉应用

机器视觉系统提高了生产自动化的水平和效率,把一些由人工操作的危险工作环境用机器人进行代替,大幅提高了生产效率和产品质量并保证工人安全。随着技术的成熟和发展,机器视觉在工业领域应用的主要途径之一通过协作机器人来实现。根据功能的不同,协作机器人的视觉应用可分为四类:引导、检测、测量、识别,各功能说明见表 3.3。

表3.3 视觉功能及应用对比表

	引导	检测	测量	识别
功能	定位物体位姿信息	检测产品完整性、位置准确性	实现快速、精确的测量	识别字符、标识、特征码
输出信息	位置和姿态	完整性相关信息	几何特征	数字、字母、符号信息
场景应用	定位元件位姿	检测元件缺损	测量元件尺寸	识别元件字符

1. 引导

机器人视觉引导的功能是指视觉系统通过摄像头采集到的图像,引导机器人根据工作要求对目标物体进行操作,如对零件的定位、实时跟踪等。引导功能输出的是目标物体的位置和姿态,将元件与规定的公差进行比较,并确保元件处于正确的位置和姿态,以验证元件装配是否正确(图3.7)。

图3.7 机器人视觉引导应用

2. 检测

机器人视觉检测的功能是指视觉系统通过摄像头采集到的图像,检测出包装、印刷有无错误、划痕等表面的相关信息,或者检测制成品是否存在缺陷、污染物、功能性瑕疵等,并根据检测结果来控制协作机器人进行相关动作,实现产品检验,如检验片剂药品是否存在缺陷,如图3.8所示。

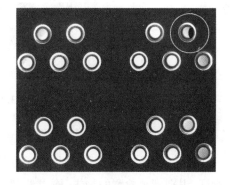

图3.8 机器视觉系统检测应用

这种检测功能除了能完成常规的空间几何形状、形体相对位置、物件颜色等的检测外,还可以进行物件内部的缺陷探伤、表面涂层厚度测量等作业。

3. 测量

测量功能是指检测目标的几何特征等信息。通过计算检测目标几何位置之间的距离,如测量零件尺寸、螺纹孔大小、孔距等,确定这些测量结果是否符合规格,如果不符合,机器人控制器发送一个未通过信号,进而触发生产线上的不合格产品剔除装置,将该物品从生产线上剔除。在实际应用中,通常用于元件尺寸测量等、零部件中圆尺寸测量等,如图 3.9 所示。

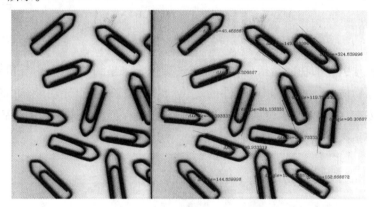

图 3.9　机器视觉元件测量

4. 识别

视觉识别有识别字符、条码、标识等,如字符识别系统能够读取字母、数字等,字符验证系统则能够确认字符串的存在性,在常见应用中有文字字符识别、二维码识别、颜色分拣识别。图 3.10 为文字识别。

图 3.10　视觉识别文字

协作机器人视觉系统的工作流程如图 3.11 所示。首先打开摄像头,确保摄像头打开成功后,摄像头开始采集图像,图像处理单元对采集的图像进行分析运算以提取目标特征,识别到被检测的物体,输出处理结果,进而引导协作机器人对物体进行定位抓取,并反复循环此工作过程。

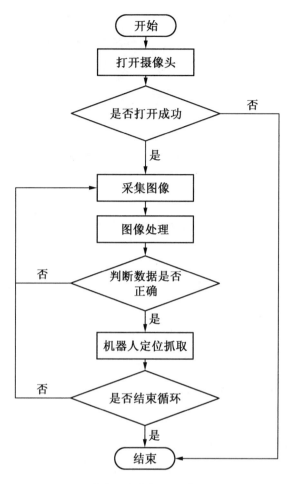

图3.11 协作机器人视觉系统工作流程图

3.3.3 相机的安装

在实际应用中,机器人视觉系统简称手眼系统,根据机器人与相机之间的相对位置关系可以将协作机器人本体手眼系统分为眼在手上(Eye – in – Hand,EIH)和眼在手外(Eye – to – Hand,ETH)。

EIH系统:摄像头安装在机械臂上,会随着机械臂的运动而发生运动,如图3.12(a)所示。

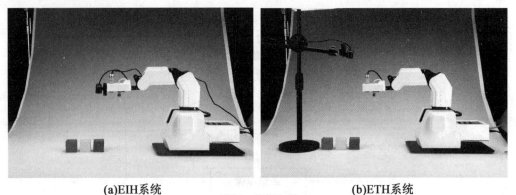

(a)EIH系统　　　　　　　(b)ETH系统

图3.12　机器人视觉系统安装方式

ETH 系统:摄像头安装在手臂之外的部分,与机器人的基座(世界坐标系)相对固定,不随着机械臂的运动而运动,如图3.12(b)所示。

这两种视觉系统根据自身特点有着不同的应用领域。ETH 系统能在小范围内实时调整协作机器人姿态,手眼关系求解简单;EIH 系统的优点是相机的视野随着工业机器人的运动而发生变化,增加了协作机器人的工作范围,但其标定过程比较复杂。

3.3.4　相机成像及视觉处理

光源发出光,经过折射到镜头中,镜头进行聚焦,然后再经过滤光片将不需要的光滤掉,然后到达图像传感器,在图像传感器进行光电转换,然后将数字信号送给相机用图像处理器(Image Signal Processor,ISP)完成图像处理,最后送给显示端或编码或进一步处理,如图3.13所示。

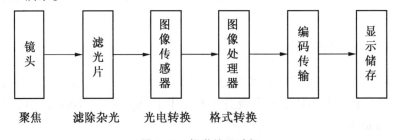

图3.13　视觉处理过程

思考与拓展

1.相机安装的不同方式有哪些?

2.举例说明机器视觉在生活中的应用。

第4章 Taskor 机械臂控制编程

4.1 Python 编程基础

学习目标

1. 掌握 Python 解释器下载与安装方法。
2. 掌握 Python 常见语法规则的使用方法。
3. 掌握 Python 语法中的不同数据类型的概念与使用方法。
4. 熟悉 Python 语法中常见函数的定义与使用方法。

知识内容

Python 于1991年发行,是众多计算机程序设计语言中的一种,它是属于动态的、面向对象的一门脚本语言,它能将程序语言中的数值和运算式归类为许多不同的类型,同时具有一种自动记忆的管理机制,能自主释放程序不再访问的内存空间,并且其本身具有巨大且广泛的标准库。Python 强调代码的可读性和简洁的语法,尤其是使用空格缩进划分代码块。

4.1.1 Python 解释器下载与安装

在 Windows 系统中安装 Python 解释器的方法与安装普通的软件方式大同小异,在 Python 官网 https://www.python.org/downloads/选择适合自己计算机系统版本的 Python 解析器软件包下载完成并打开,即可安装 Python 解释器。

在选择安装方式时,最好勾选 Add Python 3.9 to PATH,这样就能将 Python 命令工具所在的目录添加到 Windows 系统的 Path 环境中,使得后续运行 Python 更加方便。

(1)选择安装方式时,软件默认安装在 C 盘的固定路径,为了避免 C 盘文件存储多后阻碍计算机性能,一般情况都是选择"自定义安装"自己定义安装的路径。

(2)点击"Customize installation"进入安装 Python 组件界面,没有特殊要求,全部勾选即可,然后点击"Next"。

(3)选择安装的路径,最后点击"Install"等待安装完成,如图4.1~4.3所示。

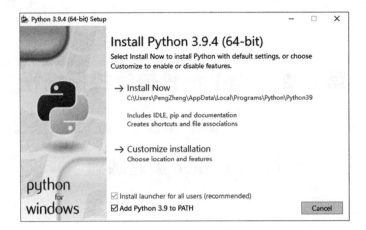

图 4.1　Python 安装界面

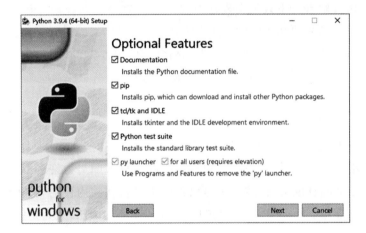

图 4.2　Python 功能选择安装界面

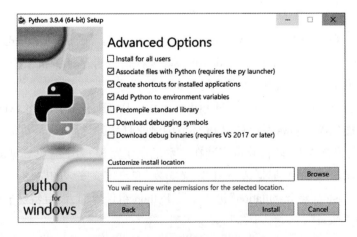

图 4.3　Python 安装路径选择界面

（4）安装完成后，在 Windows 开始菜单栏中找到 Python 3.8 的文件夹，就可以看到 IDLE 工具，如图 4.4 所示。

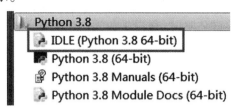

图 4.4　Python 3.8 工具选择界面

4.1.2　Python 基础语法

1. 缩进

Python 对缩进是敏感的，因为 Python 与其他计算机程序语言设计不同，它不需要使用大括号｛｝分隔代码块，而是使用缩进来划分代码块。Python 中缩进的空格数是可变的，缩进可以使用空格键也可以使用 Tab 键，要注意 Tab 键是由 4 个空格组成的。在编程时，同一个代码块的语句必须包含相同的缩进空格数，使用统一的缩进空格方式。当混用了两种空格的方式，程序在运行时就会产生错误，导致程序无法执行。实例如下：

```
1.if True:
2.    print("True")
3.else:
4.    print("Answer")
```

下面来看下错误的实例：

```
1.if True:
2.    print("Answer")
3.    print("True")
4.else:
5.    print("Answer")
6.print("False")     #缩进不一致,会导致运行错误
```

以上程序第 6 行由于缩进不一致，执行后会出现类似如下的错误：

```
File "test.py", line 6
print("False")       #缩进不一致,会导致运行错误
IndentationError: unindent does not match any outer indentation level
```

IndentationError：unindent does not match any outer indentation level 错误表明，使用的缩进方式不一致，有的是 Tab 键缩进，有的是空格键缩进，改为一致即可。因此，在 Python 的代码块中必须使用相同数目的行首缩进空格数。建议在每个缩进层次使用单个制表符或两个空格或四个空格，切记不能混用。

2. 空白行

在 Python 中,函数或语句用空白行分隔,一般表示一段新的代码开始,并且函数入口也用一行或多行空白行进行分隔,以突出函数入口的开始。空白行与代码缩进不同,空白行不是 Python 语法的一部分,但是它是程序代码的一部分,即使在书写时不插入空白行,Python 解释器也能正常运行。而空白行的作用是分隔两段不同功能或含义的代码,以便于日后代码的维护或重构。

3. 注释

在 Python 中单行注释以 # 开头,实例如下:

```
1.#! /usr/bin/python3
2.
3.# 第一个注释
4.'''
5.第三个注释
6.第四个注释
7.'''
8."""
9.第五个注释
10.第六个注释
11."""
12.print("Hello, Python!") #第七个注释
```

执行以上代码,输出结果为:

```
Hello, Python!
```

由此可见,单行注解是不参与程序的编译的,它可以放在要注释代码的前一行,也可以放在要注释代码的右侧。

多行注释可以用多个 # 号,还可用''' 和 """,要注意的是,程序中的标点符号都要使用"英文输入法"的标点符号。

4. 输出

print( ) 函数默认输出是换行的,如果要实现程序运行 print( ) 函数打印结束不换行,就需要在变量末尾加上 end = " ",实例如下:

```
1.#! /usr/bin/python3
2.x = "a"
3.y = "b"
4.#换行输出
5.print( x )
6.print( y )
7.
```

```
8.print(´- - - - - - - - -´)
9.# 不换行输出
10.print( x, end = " " )
11.print( y, end = " " )
```

执行以上实例结果为：

```
a
b
- - - - - - - - -
a b
```

从运行结果能看出，添加 end = " " 函数时，打印的结果就不会进行换行打印。

4.1.3　Python 的数据类型

计算机顾名思义就是可以做数学计算的机器,因此,计算机程序理所当然地可以处理各种数值。但是,计算机能处理的远不止数值,还可以处理文本、图形、音频、视频等各种各样的数据,不同的数据,需要定义不同的数据类型。在 Python 中,能够直接处理的数据类型如图4.5 所示。

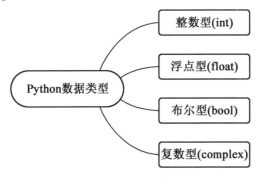

图 4.5　Python 数据类型

（1）int（整数型）。

Python 可以处理任意大小的整数,当然包括负整数,在程序中的表示方法和数学上的写法一模一样,如 1、100、- 8 080、0,等等。所以有时候用十六进制表示整数比较方便,十六进制用 0x 前缀和 0 ~ 9、a ~ f 表示,如 0xff00,0xa5b4c3d2,等等。对于很大的数,如 10000000000,很难数清楚 0 的个数。Python 允许在数字中间以_分隔,因此,写成 10_000_000_000 和 10000000000 是完全一样的。十六进制数也可以写成 0xa1b2_c3d4。例如 1, 只有一种整数类型 int,表示为长整型,没有 Python2 中的 Long。

整数进制见表4.1 所列。

表 4.1　整数进制表

2 进制	0000	0001	0010	0100	1000	1111
10 进制	0	1	2	4	8	15
16 进制	0	1	2	4	8	F

（2）float（浮点型）。

浮点数是指带有小数的数值，之所以称为浮点数，是因为按照科学计数法表示时，一个浮点数的小数点位置是可变的，比如 1.23×10^9 和 12.3×10^8 是完全相等的。浮点数可以用数学写法，如 1.23、3.14、−9.01 等。但是对于很大或很小的浮点数，就必须用科学计数法表示，把 10 用 e 替代，1.23×10^9 就是 1.23e9，或者 12.3e8，0.000 012 可以写成 1.2e−5。

（3）bool（布尔型）。

布尔值和布尔代数的表示完全一致，一个布尔值只有 True、False 两种值，要么是 True，要么是 False。在 Python 中，可以直接用 True、False 表示布尔值（请注意大小写），也可以使用数字"1"（True）、"0"（False）来表示。

（4）complex（复数型）。

Python 中的复数格式与数学中的复数格式是一样的，由一个实数和一个虚数组成，表示为 $x + yi$，其中 x 为实部，yi 为虚部，如 1 + 2i、1.1 + 2.2i。在复数中，实数部分和虚数部分都是浮点数。

（5）string（字符串）。

在 Python 语言中单引号" ' "、双引号" " "使用的方式完全相同，而三引号（''' 或 """）可以指定一个多行字符串，多用于程序的注释说明，括起来的数据称为字符串。

在 Python 中，转义符" \ "可以用来转义。在字符串函数中使用时，使用字母 r 可以让反斜杠不发生转义。如 r"this is a line with \n"，\n 会随着结果一同显示出来，并不实现换行的作用。

字符串可以用" + "运算符连接在一起，用" * "运算符能使该段字符串的内容重复创建或者打印。如果不使用运算符连接字符，按字面意义级联字符串时，程序中的字符串内容就会自动连接。如 "this " "is " "string" 会被自动转换为 this is string。

在 Python 中字符串属于常量，无法直接修改其中某一位字符，若要改变一个字符串的元素，则需要创建一个新的字符串，而读取字符串中的字符有两种索引方式，从左往右以 0 开始，从右往左以 −1 开始。要注意 Python 语言中没有单独的字符类型，一个字符就是一个长度为 1 的字符串。

示例代码如下：

```
1.str = '123456789'
2.
```

```
3.print(str)                    # 输出字符串
4.print(str[0:-1])              # 输出第一个到倒数第二个的所有字符
5.print(str[0])                 # 输出字符串第一个字符
6.print(str[2:5])               # 输出从第三个开始到第六个的字符
7.print(str[2:])                # 输出从第三个开始后的所有字符
8.print(str[1:5:2])             # 输出从第二个开始到第五个且每隔一个的字符(步长为2)
9.print(str*2)                  # 输出字符串两次
10.print(str+'你好')            # 连接字符串
11.
12.print('- - - - - - - - - - - - - - - - - - - - - - - - - - - -')
13.
14.print('hello \nworld')       # 使用反斜杠(\)+n转义特殊字符
15.print(r'hello \nrworld')     # 在字符串前面添加一个r,表示原始字符串,不会发生转义
```

执行上述代码输出结果：

```
123456789
12345678
1
3456
3456789
24
123456789123456789
123456789你好
- - - - - - - - - - - - - - - - - - - - - - - - - - - -
hello
world
hello \nworld
```

4.1.4　import 语句与 from … import 语句

在 Python 语言中拥有大量标准库,提供这些标准库是为了能达到高效的开发效率,因为有些功能是比较普遍的,没有必要自己再花费大量时间编写从而降低开发效率,因此在 Python 中可以使用 import 或者 from … import 来导入现有的标准库或者是第三方开源库进行使用。

将整个模块(somemodule)导入,格式为：import somemodule。

从某个模块中导入某个函数,格式为：from somemodule import somefunction。

从某个模块中导入多个函数,格式为：from somemodule import firstfunc, secondfunc, thirdfunc。

将某个模块中的全部函数导入,格式为：from somemodule import。

在 Python 解释器中编写实例如下所示。

导入 sys 模块：

1.import sys   # 导入 sys 模块进行使用

2.print('= = = = = = = = = =Python import mode = = = = = = = = = = = = = = = = =')

3.print('命令行参数为:')

4.for i in sys.argv:

5.print(i)

6.print('\n python 路径为',sys.path)

导入 sys 模块的 argv,path 成员：

1.from sys import argv,path # 导入特定的成员

2.

3.print('= = = = = = = = =Python from import = = = = = = = = = = = = = = = =')

4.print('path:',path)

因为已经导入 path 成员,所以此处引用时不需要再加 sys.path

4.1.5 Python 运算符类型

（1）算数运算符。

表4.2 中假设变量 a = 10, 变量 b = 20。

表 4.2 Python 算数运算符

运算符	描述	实例
+	加——两个对象相加	$a + b$ 输出结果 30
-	减——得到负数或是一个数减去另一个数	$a - b$ 输出结果 -10
*	乘——两个数相乘或是返回一个被重复若干次的字符串	$a * b$ 输出结果 200
/	除——x 除 y	b / a 输出结果 2
%	取模——返回除法的余数	$b \% a$ 输出结果 0
**	幂——返回 x 的 y 次幂	$a ** b$ 为 10 的 20 次方
//	取整除——向下取接近商的整数	9//2 输出结果 4 -9//2 输出结果 -5

（2）比较运算符。

表4.3 中假设变量 a = 10, 变量 b = 20。

表 4.3　Python 比较运算符

运算符	描述	实例
= =	等于——比较两个对象是否相等	（a = = b）返回 False
! =	不等于——比较两个对象是否不相等	（a ! = b）返回 True
>	大于——返回 x 是否大于 y	（a > b）返回 False
<	小于——返回 x 是否小于 y。所有比较运算符返回 1 表示真，返回 0 表示假，这分别与特殊的变量 True 和 False 等价。注意这些变量名的大小写	（a < b）返回 True
> =	大于等于——返回 x 是否大于等于 y	（a > = b）返回 False
< =	小于等于——返回 x 是否小于等于 y	（a < = b）返回 True

（3）赋值运算符。

表 4.4 中假设变量 a = 10，变量 b = 20。

表 4.4　Python 赋值运算符

运算符	描述	实例
=	简单的赋值运算符	c = a + b 将 a + b 的运算结果赋值为 c
+ =	加法赋值运算符	c + = a 等效于 c = c + a
− =	减法赋值运算符	c − = a 等效于 c = c − a
* =	乘法赋值运算符	c * = a 等效于 c = c * a
/ =	除法赋值运算符	c / = a 等效于 c = c / a
% =	取模赋值运算符	c % = a 等效于 c = c % a
* * =	幂赋值运算符	c * * = a 等效于 c = c * * a
// =	取整除赋值运算符	c // = a 等效于 c = c // a

（4）逻辑运算符（表 4.5）。

表 4.5　Python 逻辑运算符

运算符	逻辑表达式	描述
and	x and y	布尔"与"——如果 x 为 False，x and y 返回 x 的值，否则返回 y 的计算值
or	x or y	布尔"或"——如果 x 为 True，它返回 x 的值，否则它返回 y 的计算值
not	not x	布尔"非"——如果 x 为 True，返回 False 。如果 x 为 False，它返回 True

（5）其他运算符。

在 Python 语言中，除了上述已经介绍的运算符外，还支持位运算符、成员运算符、身份运算符。位运算符是把数字看作二进制来进行计算,成员运算符用来在指定的序列中查找值,身份运算符用于比较两个对象的存储单元。

(6)运算符优先级。

表4.6所列为从最高到最低优先级的所有运算符。

表4.6 Python 运算符优先级

运算符	描述
* *	指数(最高优先级)
~ + -	按位翻转,一元加号和减号
* / % //	乘、除、求余数和取整除
+ -	加法、减法
>> <<	右移,左移运算符
&	位 'AND'
^ |	位运算符
<= < > >=	比较运算符
== !=	等于运算符
= %= /= //= -= += *= * *=	赋值运算符
"is""is not"	身份运算符
"in""not in"	成员运算符
"not""and""or"	逻辑运算符

4.1.6 条件语句

日常生活中有许多问题都是无法一次解决的,所有的高楼大厦都需要一层一层地建起来。还有一些事物必须周而复始才能保证其存在的意义,类似这样反复做同一件事情的情况,称为循环。循环主要有两种类型:重复一定的次数的循环,称为计次循环,如 for 循环;一直重复循环,直到条件不满足时才结束的循环,称为条件循环。只要条件为真时,这种循环就会一直持续下去,如 while 循环。Python 循环语句是通过一条或多条语句的执行结果(True 或者 False)来决定执行的代码块。可以通过图4.6简单了解循环语句的执行过程。

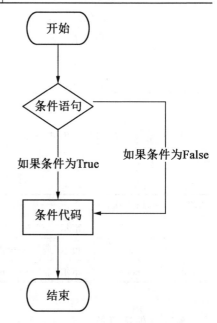

图4.6 Python 中条件语句的执行过程

（1）if 语句。

在 Python 语言中 if 语句的一般形式如下所示：

```
if condition_1:
    statement_block_1
elif condition_2:
    statement_block_2
else:
    statement_block_3
```

如果 "condition_1" 为 True,将执行 "statement_block_1" 块语句；

如果 "condition_1" 为 False,将判断 "condition_2"；

如果 "condition_2" 为 True,将执行 "statement_block_2" 块语句；

如果 "condition_2" 为 False,将执行"statement_block_3"块语句。

Python 中用 elif 代替了 else if,因此 if 语句的关键字为:if、elif 、else。

在使用 if 语句时要注意:

①每个条件后面要使用":",表示接下来是满足条件后要执行的语句块；

②使用缩进来划分语句块,相同缩进数的语句在一起组成一个语句块；

③在 Python 中没有 switch – case 语句；

④if 和 elif 都需要判断表达式的真假,而 else 则不需要判断真假；

⑤elif 和 else 都是必须和 if 一起使用,不能单独使用。

（2）if 嵌套。

可以根据自身的需求选择合适的嵌套方式,但一定要严格控制好不同级别的代码的缩进量。在嵌套 if 语句中,可以把 if … elif … else 结构放在另外一个 if … elif … else 结构中。格式示例如下：

```
if 表达式1:
    语句
    if 表达式2:
        语句
    elif 表达式3:
        语句
    else:
        语句
elif 表达式4:
    语句
else:
    语句
```

4.1.7　循环语句

Python 中有 for 循环语句和 while 循环语句。当计算 1 + 2 + 3 时,可以直接写表

达式:

```
> > >1 + 2 + 3
```

若要计算 1 + 2 + 3 + … + 10,勉强也能写出来。

但是,要计算 1 + 2 + 3 + … + 10 000,直接写表达式这个工作量是非常的巨大,而使用循环语句进行运算,就能使工作量大大减小。Python 循环语句的控制结构如图 4.7 所示。

(1)while 循环语句。

whlie 循环语句通过一个条件控制是否要继续反复执行循环体中的语句。在 Python 中,当条件表达式的返回值为真时,则执行循环体中的语句执行完毕后,重新判断条件表达式的返回值,直到返回结果为假时退出循环。while 语句的一般形式为:

```
while 条件语句(condition):
    条件代码(statements)…
```

执行流程如图 4.8 所示。

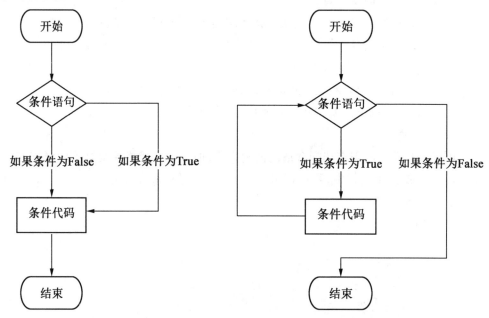

图 4.7　Python 中循环语句的执行过程　　图 4.8　Python 中 while 循环的执行流程

在 Python 中使用 while 循环语句时,同样需要注意冒号和缩进。另外,在 Python 中没有 do … while 循环。

通过设置条件表达式永远不为 False 可以实现无限循环,示例代码如下:

```
1.#! /usr/bin/python3
2.
3.while True:  # 表达式永远为 True
4.    num = int(input("输入一个数字:"))
```

```
5.    print("你输入的数字是: ", num)
6.
7.print("Good bye!")
```

执行以上代码,输出结果如下:

输入一个数字:(此时就需要输入一个整数值,如"5")

输入的数字是:5

输入一个数字:

如果 while 后面的条件语句为 False 时,则执行 else 的语句块。语法格式如下:

```
while <expr>:
    <statement(s)>
else:
    <additional_statement(s)>
```

expr 条件语句如果为 True,则执行 statement(s) 语句块;如果为 False,则执行 additional_statement(s)。

(2)for 循环语句。

Python 语言中的 for 循环可以遍历任何可迭代对象,如一个列表或者一个字符串。for 循环的一般格式如下:

```
for <variable> in <sequence>:
    <statement(s)>
else:
    <statement(s)>
```

执行流程如图 4.9 所示。

如果在 Python 中需要遍历数字序列,可以使用内置的 range() 函数,如使用 for i in range(5) 在 0~5 的数字中遍历 i,使用 for i in range(5~9) 在 5~8 的数字中遍历 i 。也可以在 range() 函数中以指定数字开始并指定不同的增量,例如使用 for i in range(0, 10, 3) 在"0、3、6、9"中遍历 i 。

4.1.8　break 和 continue 语句

break 语句可以跳出 for 和 while 的循环体。如果从 for 或 while 循环中终止,任何对应的循环 else 块将不执行。break 语句的执行流程如图 4.10 所示。

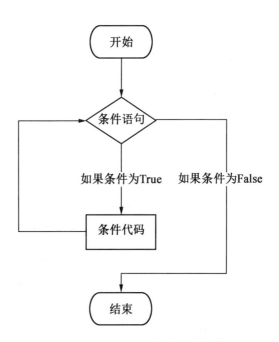

图 4.9　Python 中 for 循环的执行流程

continue 语句可以让 Python 跳过当前循环块中的剩余语句,然后继续进行下一轮循环。continue 语句的执行流程如图 4.11 所示。

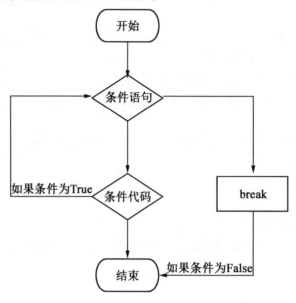

图 4.10 break 语句执行流程图

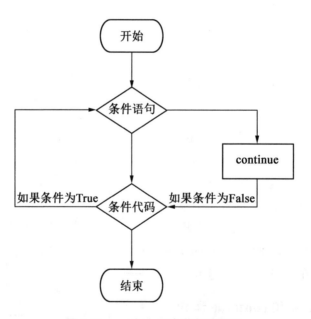

图 4.11 continue 语句执行流程图

4.1.9 函数

函数是组织好的,可重复使用的,用来实现单一或相关联功能的代码段。函数能提高应用的模块性和代码的重复利用率,Python 提供了许多内建函数,比如 print( )。开发者也可以自己创建函数,它被称为用户自定义函数。

(1)函数的定义。

定义函数的规则:

①函数代码块以 def 关键词开头,后接函数标识符名称和圆括号( )。

②任何传入参数和自变量必须放在圆括号中间,圆括号之间可以用于定义参数。

③函数的第一行语句可以选择性地使用文档字符串——用于存放函数说明。

④函数内容以":"起始,并且缩进。

⑤return［表达式］结束函数,选择性地返回一个值给调用方,不带表达式的 return 相当于返回 None。

Python 定义函数使用 def 关键字,一般格式如下:

def 函数名(参数列表):

　　函数体

默认情况下,参数值和参数名称是按函数声明中定义的顺序匹配起来的。

完成一个函数的定义之后,可以通过函数名调用该函数。

下面的示例代码定义并调用了 printme( ) 函数:

```
1.#! /usr/bin/python3
2.
3.# 定义函数
4.def printme( str ):
5.    # 打印任何传入的字符串
6.    print(str)
7.    return
8.
9.# 调用函数
10.printme("我要调用用户自定义函数!")
11.printme("再次调用同一函数")
```

上述代码输出的结果为:

我要调用用户自定义函数!

再次调用同一函数

(2)函数的参数。

定义函数的时候,把参数的名字和位置确定下来,函数的接口定义就完成了。对于函数的调用者来说,只需要知道如何传递正确的参数,以及函数将返回什么样的值就够了,函数内部的复杂逻辑被封装起来,调用者无须了解。

Python 的函数定义非常简单,但灵活度却非常大。除了正常定义的必选参数外,还可以使用默认参数、可变参数和关键字参数,使得函数定义出来的接口,不但能处理复杂的参数,还可以简化调用者的代码。

我们先写一个计算 x^2 的函数:

```
def power(x):
    return x * x
```

对于 power(x) 函数,参数 x 就是一个位置参数。

当我们调用 power 函数时,必须传入有且仅有的一个参数 x:

1.>>> power(5)25 >>> power(15)225

现在,如果要计算 x^3 怎么办? 可以再定义一个 power3 函数,但是如果要计算 x^4、x^5、$\cdots$ 呢? 我们不可能定义无限多个函数。

我们可以把 power(x) 修改为 power(x, n),用来计算 x^n:

```
1.def power(x, n):
2.s = 1
3.while n > 0:
4.n = n-1
5.s = s * x
6.return s
```

对于这个修改后的 power(x, n) 函数,可以计算任意 n 次方:

>>> power(5, 2)25 >>> power(5, 3)125

修改后的 power(x, n) 函数有两个参数:x 和 n,这两个参数都是位置参数,调用函数时,传入的两个值按照位置顺序依次赋给参数 x 和 n。

(3)必需参数。

必需参数须以正确的顺序传入函数。调用时的数量必须和声明时的一样。在下面的示例代码中,调用 printme() 函数时,必须传入一个参数,不然会出现语法错误,例如:

```
1.#! /usr/bin/python3
2.
3.# 定义函数
4.def printme( str ):
5.# 打印任何传入的字符串
6.print(str)
7.return
8.
9.#调用 printme 函数,不加参数会报错
10.printme()
```

上述代码输出的结果为:

```
Traceback(most recent call last):
    File "test.py", line 10, in <module>
        printme()
TypeError: printme() missing 1 required positional argument: 'str'
```

（4）关键字参数。

关键字参数和函数调用关系紧密,函数调用使用关键字参数来确定传入的参数值。

使用关键字参数允许函数调用时参数的顺序与声明时不一致,因为 Python 解释器能够用参数名匹配参数值。

下面的示例代码演示函数参数使用时不需要指定顺序:

```
1.#! /usr/bin/python3
2.
3.#可写函数说明
4.def printinfo( name, age ):
5.    "打印任何传入的字符串"
6.    print("名字: ", name)
7.    print("年龄: ", age)
8.    return
9.
10.#调用 printinfo 函数
11.printinfo( age =50, name = "robot" )
```

上述代码的输出结果为:

名字:　robot

年龄:　50

（5）默认参数。

新的 power(x, n)函数定义没有问题,但是,旧的调用代码失效了,调用函数时,如果没有传递参数,则会使用默认参数。以下实例中如果没有传入 age 参数,则使用默认值:

```
1.#! /usr/bin/python3
2.
3.#可写函数说明
4.def printinfo( name, age = 35 ):
5.    "打印任何传入的字符串"
6.    print("名字: ", name)
7.    print("年龄: ", age)
8.    return
9.#调用 printinfo 函数
10.printinfo( age =50, name = "robot" )
11.print(" - - - - - - - - - - - - - - - - - - - - - - - - - ")
12.printinfo( name = "robot" )
```

上述代码的输出结果为:

名字:　robot

年龄:　50

- -

名字：robot

年龄：35

思考与拓展

使用 Python 解释器完成下列问题：

1.输入一个整数，判断它是否是偶数。

2.求 1 到 5 的阶乘结果。

3.求 100 以内所有整数的和（使用 while 语句）。

4.猴子吃桃问题：猴子第一天摘下若干个桃子，当即吃了一半，还不过瘾，又多吃了一个。第二天早上又将剩下的桃子吃掉一半，然后又多吃了一个。以后每天早上都吃了前一天剩下的一半多一个。到第 10 天早上想再吃时，见只剩下一个桃子了。求第一天共摘了多少个桃子。

4.2　Taskor 机械臂软件示教页面

学习目标

掌握 Taskor 软件示教界面的基本用法。

知识内容

Taskor 软件示教界面共分为 5 部分，如图 4.12 所示，分别是菜单栏、指令集、代码区、调试区、运行日志输出窗口，下面分别介绍每个部分的作用。

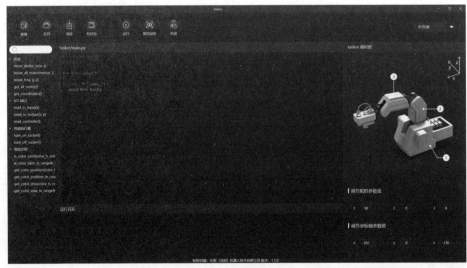

图 4.12　示教页面

4.2.1　菜单栏

如图4.12所示,Taskor软件的菜单栏由新建、打开、保存、另存为、运行(停止)、连接机器人和视觉回传7个功能构成。

1. 新建

点击"新建"按钮即可新建工程文件,点击该按钮后会弹出"新建"窗口,如图4.13所示,工程文件名为空。工程文件需要遵循一定规则:支持中文、英文、阿拉伯数字、下画线和连接线的组合形式,点击"确认"后可新建工程文件,工程文件以文件夹的形式保存在本地,点击"关闭窗口"即可关闭。错误示范如图4.14所示,新建失败结果显示如图4.15所示,新建成功后页面如图4.16所示。

图4.13　"新建"窗口

图4.14　错误命名

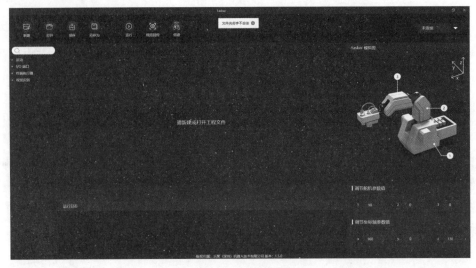

图 4.15 文件夹不合法

图 4.16 新建成功后的页面

新建工程文件后,软件默认打开工程文件中的 Python 文件,Python 文件名称默认为:main. py。

若当前已打开一个工程 A,未保存前点击"新建"按钮会提示"是否保存对此工程做的更改",提示中提供了三个选项:保存、不保存和取消,如图 4.17 所示。点击"保存",软件自动保存并关闭工程 A,同时弹出"新建窗口";点击"不保存",软件不会保存工程 A 的更改,同时弹出"新建窗口"。选择"保存"或"不保存"后的页面如图 4.18 所示。点击"取消",关闭该提示窗口。

图 4.17 未保存工程 A 时页面

图 4.18 选择"保存"或"不保存"后的页面

2. 打开

点击打开按钮可以打开计算机本地的工程文件,点击该按钮后会弹出"打开窗口",首次弹出的窗口默认路径为计算机桌面缓存地址,之后弹出的窗口显示上次打开的文件夹。

通过"打开窗口"选择并进入工程文件夹,双击"文件名.Tskr"后打开该工程文件并关闭窗口。

若当前已打开一个工程 A,点击打开按钮会提示"是否保存对此工程的更改",提示中提供了三个选项:保存、不保存和取消。点击"保存",软件自动保存并关闭工程 A,同时弹出"打开窗口"。点击"不保存",软件不会保存工程 A 的更改,同时弹出"打开窗口"。点击"取消",关闭该提示窗口。操作界面和图 4.17、4.18 几乎一致。

3. 保存

点击"保存"按钮可以保存编辑的内容,键盘快捷键为 Ctrl + s。

4. 另存为

点击"另存为"可以将当前工作区的工程文件另存为其他工程文件,如图 4.19 所示,点击该按钮后会弹出"另存为"弹窗,默认另存的文件名为空。

图 4.19 "另存为"页面

若当前打开的工程 A 另存为工程 B,软件会默认保存并关闭工程 A,打开工程 B,如图 4.20 所示。

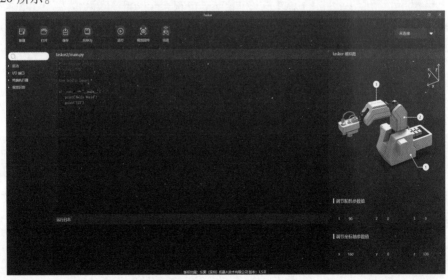

图 4.20 "另存为"后的页面

5. 运行

点击"运行"按钮,如果此时 Taskor 机械臂已连接至软件,同时编程区域没有可以运行的代码时,点击"运行"后软件提示"当前没有可运行代码"。

当编程区域有可以运行的代码时,点击运行后 Taskor 机械臂将执行代码对应的动作。代码运行时,运行日志显示运行结果。如果当前代码执行出现错误,运行日志显示运行出现的问题。

如果此时编程区域的代码有未保存的修改时,软件会提示"当前存在未保存的修改,是否继续运行代码",点击"确定"会运行上次保存过的代码。因此要注意,完成代码编辑后,如果想观察当前编辑的运行结果,一定要先保存再运行该代码。

当正在运行时,"运行"按钮会变为"停止"按钮。程序运行时,软件中只有"停止"按钮可以点击,界面其他地方都不可以点击,只有点击"停止"Taskor 机械臂停止运行后,界面才可以恢复点击。

点击"停止"按钮后,Taskor 机械臂会恢复成初始状态。如果在 Taskor 机械臂恢复初始状态的过程中(由于机械臂恢复初始状态较缓慢),点击"运行"按钮,此时 Taskor 机械臂会进入待执行状态,待 Taskor 机械臂完全恢复成初始状态后,会开始执行当前程序。

6. 连接机器人

软件菜单栏最右侧是用于连接机器人的下拉框,如图 4.21 所示。将 Taskor 机械臂和计算机用数据线连接上,点击 Taskor 软件的连接按钮,下拉框会显示 Taskor 机械臂对应的串口,点击串口即可连接对应的 Taskor 机械臂。

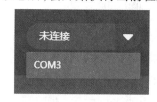

图 4.21　Taskor 软件机器人连接下拉框

7. 视觉回传

点击"视觉回传"按钮可以进行摄像头设备连接,连接到指定的摄像头设备后进入视觉回传界面,并回传摄像头设备拍摄的实时画面,如图 4.22 所示。

侧面的功能栏显示颜色识别功能,连接摄像头后进入视觉回传界面时,HSV 阈值输入框显示默认值,点击输入框输入 HSV 阈值的范围对 Taskor 机械臂活动范围内的物品进行颜色识别。

视觉回传图像界面左上角为"取色器"按钮,点击可进行软件内颜色抓取操作。注意:当需要用到视觉识别时,必须先点开视觉回传后,再点击最小化按钮。

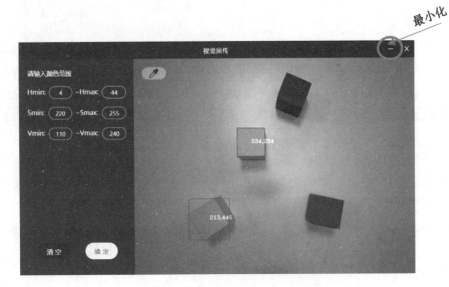

最小化

图 4.22　Taskor 软件视觉回传

4.2.2　指令集

指令集区域中,一级菜单为指令的类别,次级菜单为指令列表,如图 4.23 所示。

双击某个指令可直接调用对应代码显示在编程面板中的光标位置,在面板中用文本编辑的方式可删除该函数,关于 Python 指令详见第 5 章。

4.2.3　代码区

代码区用于编写控制机械臂的程序,Taskor 软件使用的是 Python 编程语言,可实现大部分函数。

图 4.23　Taskor 软件预置 Python 指令

4.2.4　调试区

Taskor 中立体机械臂有三个对应的电机,如图 4.24 所示,每个电机的数值范围见表 4.7 所列。

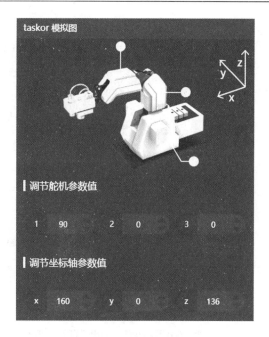

图 4.24 **Taskor** 软件模拟图

表 4.7 **Taskor** 机械臂电机数值范围

电机值	电机 1	电机 2	电机 3
最大值	180	65	65
最小值	0	0	0

4.2.5 运行日志输出窗口

运行前运行日志为空白或历史运行结果,如图 4.25 所示。点击"运行"按钮,若运行正常,则"运行"按钮变成"停止"按钮,运行日志会显示运行情况,如图 4.26 所示,即程序中的 print( );若运行出错,运行日志显示错误原因和错误位置,如图 4.27 所示。运行时,若点击"停止"按钮,在日志最后一行显示"停止运行",如图 4.28 所示。

协作机器人基础

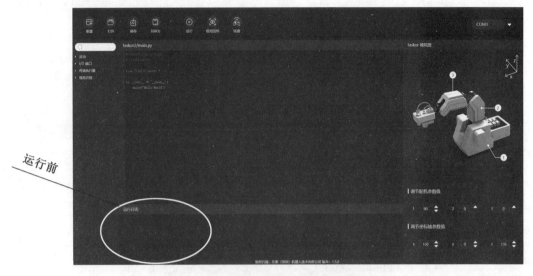

图 4.25　运行前运行日志

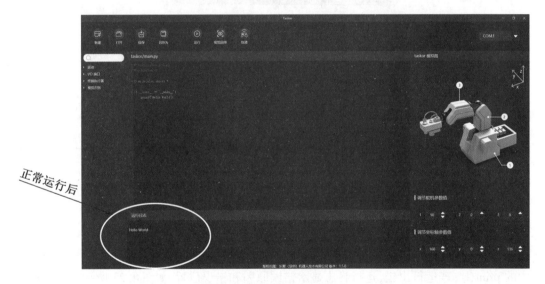

图 4.26　正常运行后运行日志

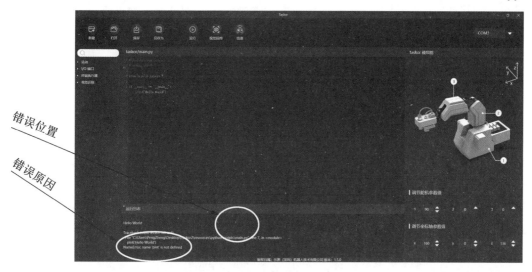

错误位置

错误原因

图 4.27 运行出错时的日志显示

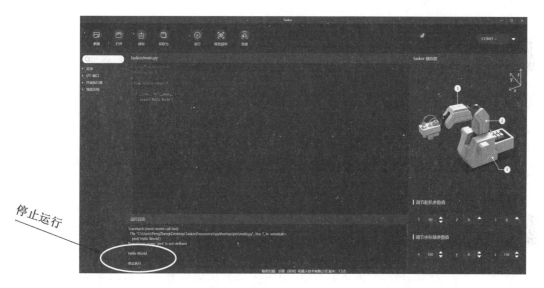

停止运行

图 4.28 运行程序时点击"停止"按钮后运行日志显示

4.3 Taskor 机械臂操作基础

学习目标

1. 谨记协作机器人使用时的注意事项。

2. 能熟悉掌握 Taskor 协作机器人的连接方法。

3. 能熟悉掌握 Taskor 桌面软件的使用方法。

4. 能熟悉掌握 Taskor 协作机器人配套摄像头的连接即调试方法。

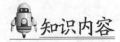 **知识内容**

1. 使用注意事项

存放或使用 Taskor 协作机器人时,请仔细阅读并牢记以下注意事项,以防出现问题。

①在放置 Taskor 协作机器人时,请远离水源和明火,并在平地运行 Taskor 协作机器人,以免对机器造成伤害。

②Taskor 协作机器人所需电源为 15 V、5 A,请使用乐聚原厂 15 V、5 A 电源适配器对 Taskor 协作机器人进行供电。

③在启动 Taskor 协作机器人前应检查信号线和电源线是否处于安全范围,以及调整好机械臂姿态,以防止 Taskor 协作机器人初始化时受信号线和电源线的阻碍导致电机发生堵转。

④在启动 Taskor 协作机器人前要检查机械臂附近是否有遮挡物,以免 Taskor 协作机器人初始化时碰撞到物体导致出现偏差。

⑤使用 Taskor 协作机器人的过程中,请避免机械臂受到强力撞击,如果 Taskor 协作机器人运行异常,请立即关机,以防 Taskor 协作机器人损坏。

⑥Taskor 协作机器人正常运行时,切勿使用强力掰动机器关节,以免损坏 Taskor 协作机器人电机和主控板。

⑦Taskor 协作机器人运动时,将其放到平整的桌面中央,避免发生高处跌落。

⑧长时间使用 Taskor 协作机器人导致步进电机过热属于正常现象,请关闭 Taskor 机械臂,待步进电机自然冷却后再继续使用。

⑨Taskor 协作机器人运行过程中若出现冒烟或者有烧焦味,请及时关闭电源并做故障处理。

⑩Taskor 协作机器人不接收信号时,请关闭电源使机械臂初始化后重试,请勿强力撞击。

⑪关机前应用手拖着 Taskor 协作机器人的三号舵机位置,以免关机断电时突然掉落损坏机械臂。

2. 机械臂接线与传感器安装

使用配套的 Type – A to Type – B USB 连接线,如图 4.29 所示,将机械臂与计算机连接。

3. 新建工程

①启动 Taskor 机械臂的配套软件,点击菜单栏上的"新建"按钮,新建一个名为"Demo2"的工程文件,并将软件连接到机械臂。

②使用计算机上的"记事本"打开"Demo2. py"的示例代码文件。

③将"Demo2. py"的代码粘贴到 Taskor 编程软件的编程区域内。

Demo2. py:

```
1.#! /usr/bin/env python3
2.# coding:utf-8
3.
4.from lejulib import *
5.import time
6.
7.if __name__ = = '__main__':
8. move_to(160,40,60)
9. print('(160,40,60)')
10. time.sleep(5)
11. move_to(155,-57,60)
12. print('(155,-57,60)')
13. time.sleep(5)
14. move_to(155,-57,20)
15. print('(155,-57,20)')
16. time.sleep(5)
17. move_to(160,0,136)
18. print('(160,0,136)')
```

图4.29 原装配套 Type – A to Type – B USB 连接线

④保存当前工程的修改,点击菜单栏上的"运行"按钮,运行"Demo2. py"工程。

4. 插入一个预置指令

①在"Demo2. py"中使用双击预置指令的方式插入一行代码。

```
1.move to(999,999,999)
```

②保存并运行。

③此时运行日志区域会打印报错指令,当桌面软件判断 Taskor 协作机器人无法到达指定坐标时,会提示该错误信息。因为所输入的坐标值超过了 Taskor 协作机器人运动范围上限。

5. 连接摄像头

将 Tarskor 协作机器人配套摄像头的 USB 线连接到计算机上,并调节摄像头角度、位置,确保摄像头的画面可以完整显示 Taskor 协作机器人的运动范围。

调整摄像头角度、位置的方法如下(过程中无需启动 Taskor 机械臂):

①将摄像头、Taskor 机械臂摆放在实训场地的协作机器人摆放区和摄像头摆放区;

②通过调整摄像头支架的方式,调整摄像头的位置、高度;

③启动软件中的"视觉回传"功能,并选择对应型号的摄像头,如图4.30所示。

图4.30 摄像头选择

④输入 Taskor 协作机器人1号电机参数,使1号电机分别左、右转动90°。1号电机初始位置以及每次转动1号电机后,需要输入参数使得2、3号电机移动至终端垂直方向上位置离地面2~5 cm处。

⑤确保步骤④中 Taskor 协作机器人3次移动时,终端的位置均处于摄像头画面中。如果 Taskor 协作机器人运动位置超出摄像头回传的画面,请重启 Taskor 机械臂以此复位。

按照上述步骤,可以在视觉回传画面中看到如图4.31、4.32、4.33所示的三种画面。

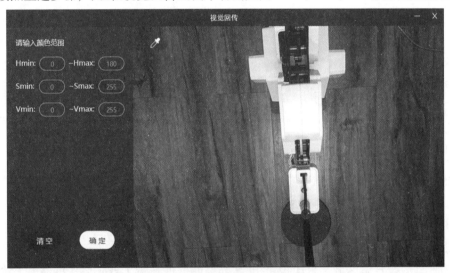

图4.31 1号电机90°时视角

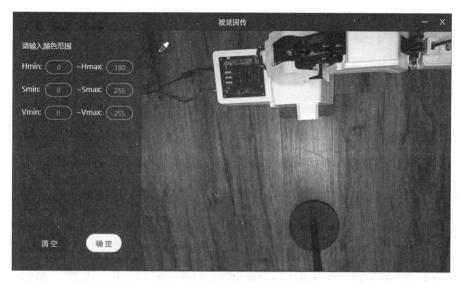

图 4.32　1 号电机 0°时视角

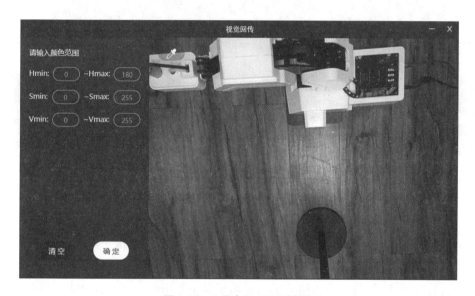

图 4.33　1 号电机 180°时视角

4.4　Taskor 机械臂操作指令

学习目标

1. 掌握电机运动指令与坐标运动指令。
2. 掌握 I/O 端口的使用指令。
3. 了解终端执行器的使用方法。

知识内容

4.4.1 运动控制指令

运动指令是用于控制机械臂运动的操作指令,可分为电机运动指令和坐标运动指令。

单电机运动控制指令,指令格式为:move_motor_to(x,y),其中 motor 代表电机,括号中 x,y 表示 Taskor 机械臂的 x 号电机运动至 $y°$,示教界面如图4.34所示,具体操作如下。

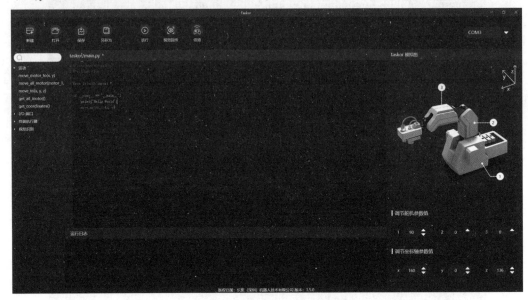

图4.34　运动指令示教界面

①点击软件左侧的"运动"指令类别按钮,可以看到控制机械臂运动的指令。

②双击"move_motor_to(x,y)",可以在编程区域直接调用该指令。

③将该指令参数中 x 修改为1、y 修改为100,即 move_motor_to(1,100)。

④点击"运行",电脑对应连接的 Taskor 机械臂1号电机会运动至100°,当对应的电机号没有赋值时,会返回 False,同时在下方的"运行日志"打印"不存在 x 号电机";当 y 赋值超过电机最大可运动范围时,会返回 False,同时在下方的"运行日志"打印对应电机的运动范围。

全电机运动控制指令,指令格式为:move_all_motor(motor_1,motor_2,motor_3),用于控制机械臂的全部电机运动,其中参数 motor_1、motor_2、motor_3 分别为1号电机、2号电机、3号电机运动的目标角度,具体操作如下。

①点击软件左侧的"运动"指令类别按钮,可以看到控制机械臂运动的指令。

②双击"move_all_motor(motor_1,motor_2,motor_3)",可以在编程区域直接调用该指令。

③将该指令参数 motor_1 修改为 100、motor_2 修改为 30、motor_3 修改为 30,即 move_all_motor(100,30,30)。

④点击"运行",计算机对应连接的 Taskor 机械臂所有电机都会运动。其中,1 号电机会运动至 100°,2 号电机会运动至 30°,3 号电机会运动至 30°,当给 motor_1、motor_2、motor_3 的赋值超过对应电机可运动的最大范围时,该指令会返回 False,同时在下方的"运行日志"打印对应电机的运动范围。

坐标运动控制指令,指令格式为:move_to(x,y,z),用于控制机械臂终端运动到指定坐标(x,y,z),其中该坐标以图 4.35 所示的右上角的坐标系为准,坐标原点为图中圈出的位置,当坐标值超出范围时,该指令会返回 False,并在"运行日志"打印"输入坐标值超出范围"。

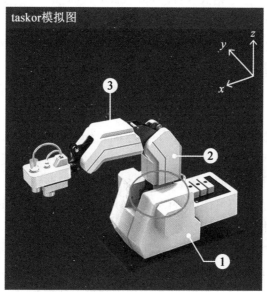

图 4.35　Taskor 机械臂坐标系示意图

电机读取指令,指令格式为:get_all_motor(),用于读取 Taskor 机械臂当前的电机角度值,调用该指令会返回一个列表[],列表中的值为 1 号电机、2 号电机、3 号电机的电机角度值,当程序无法读取到电机值时,该指令会返回程序预置的默认电机角度值,并在"运行日志"打印"读取电机值失败"。

终端坐标读取指令,指令格式为:get_coordinates(),用于读取 Taskor 机械臂当前终端的坐标,调用该指令会返回一个列表[],列表中的值为当前终端坐标的 x 值、y 值和 z 值,当程序无法读取到电机值时,该指令会返回程序预置的默认电机角度值,并在"运行日志"打印"读取坐标值失败"。

4.4.2　端口读取指令

端口读取指令,指令格式为:read_io_input(x),用于读取 x 号端口的输入值,当程序无法读取对应端口的输入值时,该指令会返回程序预置的默认值255,并在"运行日志"打印"读取 x 端口输入值错误";端口写入指令,指令格式为:send_io_output(x, y),用于向 x 号端口输出 y 值。

4.4.3　执行器控制指令

执行器控制指令,指令格式为:turn_on(off)_sucker( ),用于打开(关闭)机械臂上的吸盘。

4.4.4　视觉功能指令

(1)颜色识别指令,指令格式为:is_color_exist(color_h, color_s, color_v),该指令用于识别相机视野范围内是否存在指定 HSV 值的目标物体,其中 h、s、v 的实际效果为输入值 ±20 之后的范围效果,如果识别到指定的颜色,会返回 True;如果未识别到指定的颜色,会返回 False,若需要自行设置颜色阈值可使用 is_color_exist_in_range(h_min, h_max, s_min, s_max, v_min, v_max)指令,两个指令的区别在于后者可自定义 HSV 的最大值与最小值。

(2)颜色中心获取指令,指令格式为:get_color_position(color_h, color_s, color_v),该指令是用于读取相机所获取目标颜色的中心坐标,如果识别到指定的颜色,会返回相机传输画面中该颜色面积最大的区域的中心坐标;如果未识别到指定的颜色,会返回 0。若需要自行设置识别颜色阈值可使用 get_color_position_in_range(h_min, h_max, s_min, s_max, v_min, v_max)指令,两个指令的区别在于后者可自定义 HSV 的最大值与最小值。

(3)颜色面积计算指令,指令格式为:get_color_area(color_h, color_s, color_v),该指令适用于读取相机所获取目标颜色的面积,如果识别到指定的颜色,会返回相机传输画面中该颜色面积最大的区域的面积;如果未识别到指定的颜色,会返回 0。若需要自行设置识别颜色阈值可使用 get_color_area_in_range(h_min, h_max, s_min, s_max, v_min, v_max)指令,两个指令的区别在于后者可自定义 HSV 的最大值与最小值。

思考与拓展

1. 使用机器人的 move_all_motor(x,y,z)指令运动到 move_all_motor(180,0,0)。

2. 使用视觉识别黄色 HSV 值的颜色方块。

3. 试用 is_color_exist(color_h, color_s, color_v)和 is_color_exist_in_range(h_min, h_max, s_min, s_max, v_min, v_max)识别同一个颜色,看看两个指令有什么区别?

4. 结合 1、2 题内容,当识别到黄色方块等待 10 s 并执行 1 题的运动指令到达指定点位后打印"你好,协作机器人!"。

5. 编写一段读取碰撞开关返回值程序,当读取到返回值时 LED 灯输出 True,并打印"主人,你好!"。

4.5 Taskor 机械臂外设模块编程

 学习目标

1. 掌握 Taskor 机械臂外设端口使用方法。
2. 了解常见传感器模块工作原理。
3. 掌握外设模块基础控制编程。

知识内容

4.5.1 Taskor 机械臂外设端口介绍

Taskor 机械臂中集成了 6 个外设端口(图 4.36),可分别放置相应的输入及输出外设模块,其中 4 号端口内置了光电开关,其他 5 个为 3P 通用磁吸接头,与提供的外设模块配合使用,也可自行开发新的功能模块来使用,在程序操作上,使用 read_io_input(x) 函数读取 x 号端口的输入值,使用 send_io_output(x, y) 函数设置相应端口输出值,其中 x 为端口号,y 为输出高、低电平(0 表示低电平,1 表示高电平)。

4.5.2 Taskor 机械臂输入设备

1. 光电开关模块(图 4.37)

反射式光电开关属于红外线不可见光产品,是一种小型光电元器件,由一个红外线发射管和一个红外线接收管组合而成。利用物体对红外线光束的反射,通常用来检测其正前方一定距离是否有物体存在,其物体不限于金属,对所有能反射光线的物体均可检测,其工作原理如图 4.38 所示。

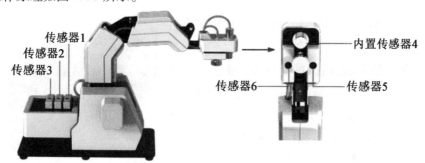

图 4.36 Taskor 机械臂外设端口示意

图 4.37 Taskor 机械臂内置反射式光电开关

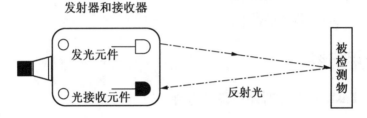

图 4.38 反射式光电传感器工作原理

在程序控制上,需要获取光电开关实时状态时,编写并运行如下代码:

```
1.#! /usr/bin/env python3
2.# coding:utf-8
3.from lejulib import *
4.if __name__ == '__main__':
5.    print(read_io_input(4))        #打印读取到端口4的输入值
```

其中 read_io_input(x)为端口读取函数,其中参数 4 代表光电开关模块对应的输入端口号,当光电开关检测到物体时,软件下方"运行日志"窗口会显示 0;当光电开关未检测到物体时,软件下方"运行日志"会显示一个大于 150 的数值。用螺丝刀拧动光电开关上的螺丝,可以调整其识别距离,从而达到识别指定距离内是否有物体的目的。

2. 刺激性气体传感器模块(图 4.39)

刺激性气体传感器模块用来检测环境中刺激性气体的浓度,不同浓度的刺激性气体会改变传感器内部材料的电阻值,电阻值的变化会产生变化的输出电压。硬件安装方面,首先找出相应传感器模块,将传感器模块底部字母 p 与接口处电路板上字母 p 处于同一方向,放置到相应接口即可(后续列出的传感器模块安装方式相同,此处不再赘述),如图 4.40 所示。

图 4.39 刺激性气体传感器模块

图4.40 传感器模块安装

在程序控制上,需要获取刺激性气体传感器实时状态时,编写并运行如下代码:

```
1.from lejulib import *
2.if __name__ = = '__main__':
3.    print(read_io_input(3))        #打印读取到端口3的输入值
```

其中,read_io_input(x)为端口读取函数,其中参数3代表该模块对应的输入端口号,当刺激性气体浓度发生改变时,软件下方"运行日志"会显示变化的值,刺激性气体浓度越大显示的值越大,反之越小。

3.光敏传感器模块(图4.41)

光敏传感器是利用光敏元件将光信号转换为电信号的传感器,它的敏感波长在可见光波长附近,包括红外线波长和紫外线波长。光传感器不只局限于对光的探测,它还可以作为探测元件组成其他传感器,对许多非电量进行检测,只要将这些非电量转换为光信号的变化即可。

在程序控制上,需要获取光敏传感器实时状态时,编写并运行如下代码:

```
1.from lejulib import *
2.if __name__ = = '__main__':
3.    print(read_io_input(3))        #打印读取到端口3的输入值
```

运行以上代码,当传感器检测到光越亮时值越小,当传感器检测到的光越暗时值越大。

4.温度传感器模块(图4.42)

电阻式温度传感器利用金属随着温度变化其电阻值发生变化的特性,使用其电阻值直接作为输出信号。

在程序控制上,需要获取温度传感器实时状态时,编写如下代码:

```
1.from lejulib import *
2.if __name__ = = '__main__':
3.    print(read_io_input(3))        #打印读取到端口3的输入值
```

运行以上代码,传感器会实时检测当前环境的温度并输出。

图 4.41　光敏传感器模块

图 4.42　电阻式温度传感器模块

5. 湿度传感器模块(图 4.43)

湿度传感器模块由电阻式湿度传感器及相应电路构成,电阻式湿度传感器是在基片上覆盖一层用感湿材料制成的膜,当空气中的水蒸气吸附在感湿膜上时,元件的电阻率和电阻值都发生变化,利用这一特性即可测量湿度。

在程序控制上,需要获取温度传感器实时状态时,编写如下代码:

```
1.from lejulib import *
2.if __name__ = = '__main__':
3.    print(read_io_input(4))        #打印读取到端口 4 的输入值
```

运行以上代码,传感器会实时检测当前环境的湿度并输出。

6. 火焰传感器模块(图 4.44)

火焰传感器利用红外线对火焰非常敏感的特点,使用特制的红外线接收管来检测火焰,然后把火焰的亮度转化为高、低变化的电平信号输出。

在程序控制上,需要获取火焰传感器实时状态时,编写如下代码:

```
1.from lejulib import *
2.if __name__ = = '__main__':
3.    print(read_io_input(3))        #打印读取到端口 3 的输入值
```

运行以上代码,当传感器未检测到火焰时,软件下方"运行日志"窗口会显示一个大于 250 的数值;当传感器检测到火焰时,软件下方"运行日志"会显示一个接近 0 的数值。

图 4.43　电阻式湿度传感器模块

图 4.44　火焰传感器模块

7. 触摸开关模块（图4.45）

电容式触摸感应按键开关，内部是一个以电容器为基础的开关。以传导性物体（如手指）触摸电容器可改变电容，此改变会被内置于微控制器内的电路所感应，进而输出信号。

在程序控制上，需要获取触摸开关模块实时状态时，编写如下代码：

```
1.from lejulib import *
2.if __name__ == '__main__':
3.    print(read_io_input(3))        #打印读取到端口3的输入值
```

运行以上代码，当没有激活传感器时，输出的值为接近255的数；当激活了传感器时输出接近1的值。

8. 碰撞开关模块（图4.46）

碰撞开关的工作原理非常简单，完全依靠内部的机械结构来完成电路的导通和中断。当碰撞开关的外部按钮受到碰撞时，按钮受力下压，带动碰撞开关内部的簧片拨动，从而电路的导通状态发生改变。

在程序控制上，需要获取碰撞开关模块实时状态时，编写如下代码：

```
1.from lejulib import *
2.if __name__ == '__main__':
3.    print(read_io_input(3))        #打印读取到端口3的输入值
```

运行以上代码，当传感器按钮没有受力下压时，软件下方"运行日志"窗口会显示0；当传感器按钮受力下压时，软件下方"运行日志"会显示一个接近255的数值。

图4.45　触摸开关模块

图4.46　碰撞开关模块

9. 人体红外传感器模块（图4.47）

人体都有一定的体温，一般在36.7℃左右，所以会发出波长为10μm左右的特定红外线，被动式红外探头就是靠探测人体发射的10μm左右的红外线进行工作的。人体发射的10μm左右的红外线通过菲涅尔滤光片增强后聚集到红外感应源上，红外感应源通常采用热释电元件,这种元件在接收到人体红外辐射温度发生变化时就会失去电荷平衡,向外释放电荷,后续电路经检测处理后就能产生信号。

在程序控制上,需要获取人体红外传感器实时状态时,编写如下代码:

```
1.from lejulib import *
2.if __name__ == '__main__':
3.    print(read_io_input(4))        #打印读取到端口 4 的输入值
```

运行以上代码,当传感器在半径 50 cm 内未检测到运动的人体时,软件下方"运行日志"窗口会显示一个接近 0 的数值;当传感器在半径 50 cm 内检测到运动的人体时,软件下方"运行日志"会显示一个接近 161 的数值。

10. LED 灯模块(图 4.48)

LED(Light Emitting Diode)即发光二极管,是一种能够将电能转化为可见光的固态的半导体器件,它可以直接把电转化为光,是一种常见的电气元件。

在程序控制上,需要获取 LED 灯模块实时状态时,编写如下代码:

```
1.from lejulib import *
2.import time
3.if __name__ == '__main__':
4.    send_io_output(3,0)        #在 io3 接口写入低电平 0,启动 LED
5.    time.sleep(5)             #等待 5 s
6.    send_io_output(3,1)        #在 io3 接口写入高电平 1,关闭 LED
```

运行以上代码,LED 灯点亮 5 s 后停止。

图 4.47　人体红外传感器模块

图 4.48　LED 灯模块

11. 风扇模块(图4.49)

风扇依靠下面的直流电机带动其旋转,直流电机是能实现直流电能和机械能互相转换的电机。当它作为电动机运行时是将电能转换为机械能;作为发电机运行时是将机械能转换为电能。

在程序控制上,需要获取风扇模块实时状态时,编写如下代码:

图4.49 风扇模块

```
1.from lejulib import *
2.import time
3.if __name__ == '__main__':
4.    send_io_output(3,1)          #启动风扇
5.    time.sleep(5)                #等待5s
6.    send_io_output(3,0)          #关闭风扇
```

运行以上代码,风扇旋转5 s后停止。

第5章 机器人仿真实践

5.1 机器人仿真环境搭建

 学习目标

1. 了解常见的机器人仿真软件及特点。
2. 掌握 CoppeliaSim 软件安装方法。
3. 掌握 CoppeliaSim 软件仿真环境的搭建及常见问题处理方法。

知识内容

5.1.1 仿真软件简介

仿真软件(simulation software)与仿真硬件同为仿真技术工具,是专门用于仿真的计算机软件,从 20 世纪 50 年代中期开始发展与兴起,它与仿真应用、算法、计算机和建模等技术的发展息息相关。1984 年,第一个以数据库为核心的仿真软件系统诞生,此后又出现采用人工智能技术(专家系统)的仿真软件系统。使得仿真软件具有更强、更灵活的功能、能面向更广泛的用户。

常见的机器人仿真软件有美国海宝公司的 Robotmaster、瑞士 ABB 公司的 Robotstudio、中国华航唯实公司的 PQArt、法国达索公司的 DELMIA、日本发那科公司的 Roboguide 和瑞士 CoppeliaRobotics 公司的 CoppeliaSim 等。

5.1.2 常见仿真软件介绍

(1)Robotmaster 软件是一款强大的机器人编程软件,为用户提供了一个可视化的交互式仿真机器人编程环境,无缝集成离线编程,支持仿真模拟和代码生成,并且支持免示教的精确轨迹,可自动优化机器人动作,兼容多个品牌的编程机器人。

(2)RobotStudio 是一款非常强大的机器人仿真软件,用户可以用 RobotStudio 开发新的机器人程序,特别是焊接和搬运机器人。RobotStudio 是建立在 ABB VirtualController 上的,用户可以使用它在办公室轻易地模拟现场生产过程,无须花费巨资购买昂贵的设备,就可以让用户和主管了解开发和组织生产过程的情况。它可以让用户在计算机内制作

一个虚拟的机器人,帮助用户进行离线编程,就像计算机有个真实的机器人一样,可以帮助用户提高生产率,降低购买与实施机器人解决方案的总成本。它不仅可以用在工业上还可以用于教育培训等行业。

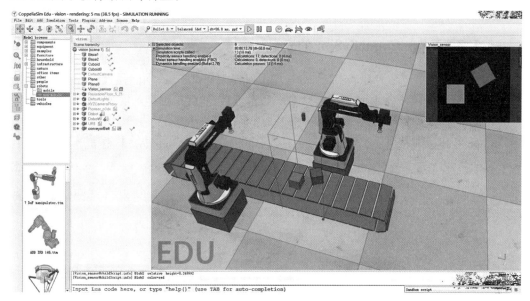

图 5.1　CoppeliaSim 仿真软件界面

(3)PQArt(原 RobotArt)是中国自主研发的工业机器人离线编程软件,发布于 2013 年,经过多年的研发与应用,PQArt 掌握了多项核心技术,包括 3D 平台、几何拓扑、特征驱动、自适应求解算法、开放后置、碰撞检测和代码仿真等。它的功能覆盖了机器人集成应用的完整生命周期,包括方案设计、设备选型、集成调试及产品改型。

(4)DELMIA 是达索公司为"数字化工厂"概念推出的一套较完善的软件解决方案,由两个相互关联的独立软件 DPE(数字工艺工程)和 DPM(数字制造维护工艺)组成。Resource Modeling and Simulation 是创建和实施与工艺规划和工艺细节规划应用相关的辅助工具,将人机工程、机器人、3D 设备/工装/夹具和生产线等资源均定义并加入 DPE 和 DPM 环境中,构建虚拟的生产环境,仿真工厂作业流程,可以分析完整的数字工厂(车间/流水线)环境。

(5)Roboguide 是一款机器人程序编辑开发软件,它由发那科公司官方出品,软件广泛应用于数控机械领域,能大幅提高生产、加工效率,工人们可以对机械运作程序进行编写,实现最快效率的生产办公模式。Roboguide 中文版可用于机器人运动控制的智能仿真,旨在为用户带来稳定、准确的概念模拟,能够在车间使用完整脱机编程包,以及众多的高级选项和功能,再结合更加直观友好的用户界面,让用户能够轻松模拟完整的 3D CAD 环境,方便用户进行机器人系统的设计、测试和修改操作。

(6)CoppeliaSim 以前称为 V－REP,是一种用于工业、教育和研究的机器人模拟软件。它是围绕分布式控制架构构建的,使用 Lua 脚本或 C/C＋＋插件充当单独的同步控制器。CoppeliaSim 使用运动学引擎进行正向和逆向运动学计算,并使用几个物理模拟库(Bullet、ODE、Vortex、Newton Game Dynamics)来执行刚体模拟。模型和场景是通过将各种对象(网格、关节、各种传感器、点云、OC 树等)组装成分层结构来构建的,本章主要围绕CoppeliaSim 软件安装和使用来展开。

5.1.3　Vrep/CoppeliaSim 的安装

(1)Vrep(现已更名为 CoppeliaSim)是虚拟机器人仿真平台,功能强大。Edu 版本功能齐全且免费(不能用作商业用途),选择 Edu 版本下载,然后根据指示安装,安装较为简单。CoppeliaSim 官网与官网版本选择如图 5.2、5.3 所示。

CoppeliaSim 下载地址为:https://www.coppeliarobotics.com/downloads#。

图 5.2　CoppeliaSim 官网

图 5.3　CoppeliaSim 官网版本选择

（2）下载完成后打开下载路径中的文件夹进行安装（本章节以 Edu windows 4.2.0 版本为例）。CoppeliaSim 安装包如图 5.4 所示。

图 5.4　CoppeliaSim 安装包

打开 CoppeliaSim_Edu 后，软件进行安装包加载，如图 5.5 所示。

图 5.5　CoppeliaSim 加载安装包

（3）安装完成后，软件会自动弹出图 5.6 所示对话框，点击"Next"，进行下一步。

（4）选择 Yes, I Accept the terms of the Lkense Agreement!，接着点击"Next"，如图 5.7 所示。

图 5.6　CoppeliaSim 安装对话框（1）　　　　图 5.7　CoppeliaSim 安装对话框（2）

（5）根据需求选择是否需要在桌面创建快捷方式，建议默认勾选 Create Shortout on the Desktop，点击"Next"进行下一步操作，如图 5.8 所示。

（6）选择安装路径（建议使用默认安装路径），最后点击安装，如图 5.9 所示。

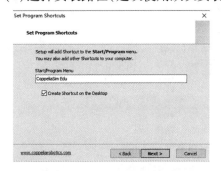 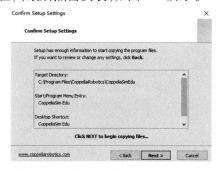

图 5.8　CoppeliaSim 安装对话框（3）　　　　图 5.9　CoppeliaSim 安装对话框（4）

（7）等待安装，如图 5.10、5.11 所示。

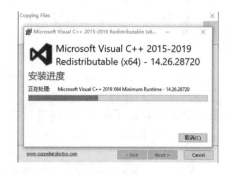

图 5.10　CoppeliaSim 安装对话框（5）　　图 5.11　CoppeliaSim 安装对话框（6）

（8）安装完毕，取消勾选图对话框，然后点击"Finish"，如图 5.12 所示。

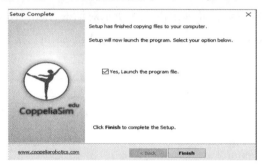

图 5.12　CoppeliaSim 安装完成对话框（7）

（9）在 CoppeliaSim 的安装目录下 system/usrset. txt 文件中最后一行添加以下内容
"allowOldEduRelease = 7775"（不用加双引号），如图 5.13、5.14、5.15 所示。

名称	修改日期	类型	大小
bwf	2022/5/16 10:33	文件夹	
cadFiles	2022/5/16 10:33	文件夹	
helpFiles	2022/5/16 10:33	文件夹	
imageformats	2022/5/16 10:33	文件夹	
lua	2022/5/16 10:33	文件夹	
luar	2022/5/16 10:33	文件夹	
models	2022/5/16 10:33	文件夹	
platforms	2022/5/16 10:33	文件夹	
programming	2022/5/16 10:35	文件夹	
scenes	2022/5/16 10:35	文件夹	
snippets	2022/5/16 10:35	文件夹	
system	2022/5/16 10:37	文件夹	
vcRedist	2022/5/16 10:35	文件夹	
vortexPlugin	2022/5/16 10:35	文件夹	

图 5.13　CoppeliaSim 安装目录下 system

名称 ^	修改日期	类型	大小
defaultChildScript	2021/4/19 9:29	文本文档	1 KB
defaultCustomizationScript	2019/11/12 14:28	文本文档	1 KB
defaultThreadedChildScript	2021/4/19 9:29	文本文档	1 KB
defaultThreadedCustomizationScript	2021/4/19 9:29	文本文档	2 KB
dfltscn	2021/3/10 17:43	CoppeliaSim Sce...	228 KB
dlttscptbkcomp	2021/3/10 17:43	文本文档	1 KB
sandboxScript	2021/4/19 9:29	文本文档	2 KB
settings	2022/9/16 9:23	DAT 文件	2 KB
sysnfo.ttb	2019/11/12 14:28	TTB 文件	4 KB
usrset	2022/6/30 16:58	文本文档	10 KB

图 5.14　CoppeliaSim 安装目录下 usrset. txt

图 5.15　用户设置文本内容

（10）保存后退出，打开软件，安装完成，软件界面如图 5.16 所示。

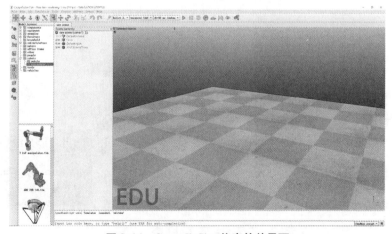

图 5.16　CoppeliaSim 仿真软件界面

至此软件安装完成,若有意外情况导致软件无法使用等可以去软件官网论坛寻求答案,软件官网地址为:www.coppeliarobotics.com。

5.2　仿真软件界面基础操作

学习目标

1.掌握 CoppeliaSim 软件中工具栏的基础操作。

2.掌握 CoppeliaSim 软件场景元素的添加方法。

3.掌握仿真场景中形状外观的修改方法。

知识内容

5.2.1　软件界面介绍

CoppeliaSim 应用程序(图 5.17)由以下几个元素组成。

(1)控制台窗口。

在 Windows 系统中,当 CoppeliaSim 应用程序启动时,将创建一个控制台窗口,但 CoppeliaSim 应用程序启动后控制台窗口会直接将其隐藏。隐藏控制台窗口的默认行为可以在用户设置对话框中进行更改。控制台或终端窗口显示加载了哪些插件及其初始化过程是否成功。控制台窗口不是交互式的,仅用于输出信息。用户可以在脚本中使用 print 命令或者使用插件中的 C printf 或 std::cout 命令,直接将信息输出到控制台窗口。除此之外,用户还可以用编程的方式创建辅助控制台窗口,以显示特定于模拟的信息。

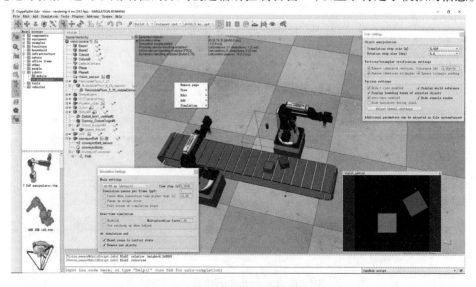

图 5.17　CoppeliaSim 应用程序典型用户界

（2）应用程序窗口。

应用程序窗口是应用程序的主窗口，它用于显示、编辑、模拟场景并与之交互。在应用程序窗口点击鼠标左键、右键，滚动鼠标滚轮和使用键盘时具有特定功能。在应用程序窗口中，输入设备（鼠标和键盘）的功能可能因激活位置而异。

（3）多个对话框。

在应用程序窗口旁边，用户还可以通过调整对话框设置或参数来编辑场景并与之交互。每个对话框将一组相关函数或应用于同一目标对象的函数进行分组。对话框的内容可能与上下文相关（例如，取决于对象选择状态）。

（4）application bar（应用程序栏）。

应用程序栏指示 CoppeliaSim 副本的许可证类型、当前显示的场景的文件名、用于一个渲染通道（一个显示通道）的时间以及模拟器的当前状态（模拟状态或活动编辑模式的类型）。应用程序栏及应用程序窗口中的任何图面也可用于将与 CoppeliaSim 相关的文件拖放到场景中。支持的文件包括"＊.ttt"－files（CoppeliaSim 场景文件）和"＊.ttm"－files（CoppeliaSim 模型文件）。

（5）menu bar（菜单栏）。

菜单栏允许访问模拟器的几乎所有功能。大多数情况下，菜单栏中的项目会激活一个对话框。菜单栏内容是上、下文相关的（即它将取决于模拟器的当前状态）。菜单栏中的大多数功能也可以通过弹出菜单、双击场景层次结构视图中的图标或单击工具栏按钮来访问。

（6）toolbars（工具栏）。

工具栏显示经常访问的功能（如更改导航模式、选择另一个页面等）。工具栏 1（图 5.18）中的某些功能以及工具栏 2（图 5.19）中的所有功能也可以通过菜单栏或弹出菜单进行访问。两个工具栏都可以停靠和取消停靠，但停靠仅适用于其各自的初始位置。

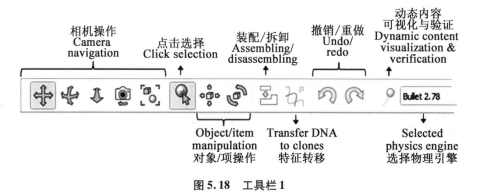

图 5.18　工具栏 1

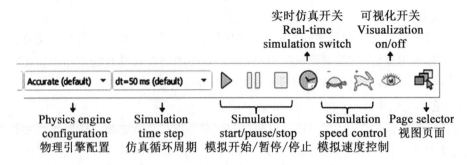

续图 5.18

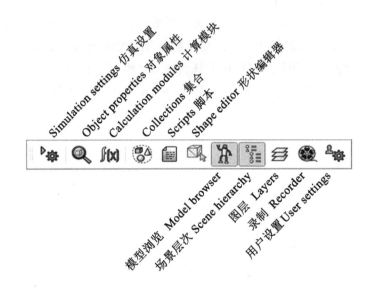

图 5.19　工具栏 2

当选择对象转换 Object/item shift 工具栏按钮时,位置对话框将变为可见:。

该对话框具有四个不同的选项卡(本章节以 Mouse Translation(鼠标)、Position(位置)为例):

①Mouse Translation(鼠标):在对话框的此部分中,可以设置用鼠标操作的对象的平移参数,鼠标移动参数对话框如图 5.20 所示,鼠标移动对象如图 5.21 所示。

a. 相对于世界/父坐标系/自身坐标系:表示鼠标拖动将使所选对象在与绝对参考坐标系、父对象参考坐标系或对象自身参考坐标系对齐的平面或直线上平移。

b. 转换步长:用鼠标拖动转换所选对象时使用的步长。在按下鼠标按钮后按 Shift 键,仍可以在操作过程中使用较小的步长。

c. 首选轴:沿 X/沿 Y/沿 Z:表示鼠标拖动允许将所选对象沿上述所选参考系的首选轴平移。在操作过程中,可以在按下鼠标按钮后按下 Ctrl 键来使用其他轴。

②Position(位置):在此部分中,可以在对象或项目上实现精确定位,位置移动参数对

话框如图 5.22 所示。

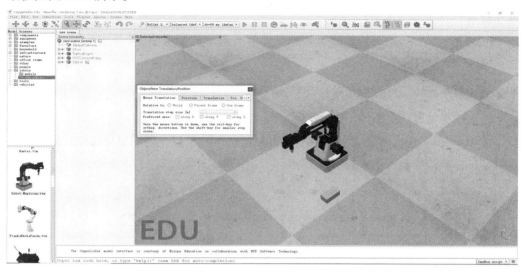

图 5.20　鼠标移动参数对话框

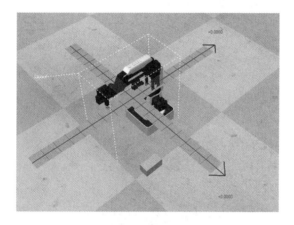

图 5.21　鼠标移动对象

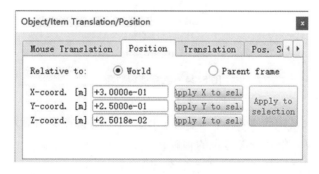

图 5.22　位置移动参数对话框

a. 相对于世界/父坐标系:表示缩放的位置将相对于绝对参考坐标系,或相对于父参考坐标系。

b. 沿 X / Y / Z 轴移动:指示所需的位置沿所指示的参考系(世界或父参考系)的 X 轴、Y 轴和 Z 轴移动。

选择对象旋转工具栏按钮时,方向对话框将可见:。

该对话框具有三个不同的选项卡:

①Mouse Rotation(鼠标旋转)在对话框的此部分中,可以设置用鼠标操作对象的旋转参数。鼠标旋转参数对话框如图 5.23 所示,鼠标旋转对象如图 5.24 所示。

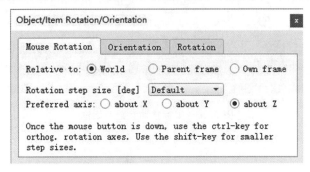

图 5.23　鼠标旋转参数对话框

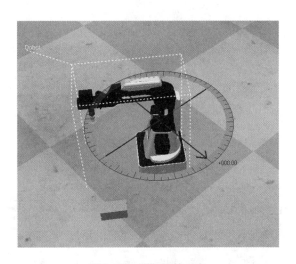

图 5.24　鼠标旋转对象

a. 相对于世界/父坐标系/自身坐标系:指示鼠标拖动将使所选对象围绕绝对参考系、父对象参考系或对象自身参考系的轴旋转。

b. 旋转步长:用鼠标拖动旋转所选对象时使用的步长。在按下鼠标按钮后按 Shift 键,仍可以在操作过程中使用较小的步长。

c. 首选轴:关于 X / Y / Z 轴:表示通过鼠标拖动,选中对象可以围绕上面所选参考系的首选轴旋转。在操作过程中,可以在按下鼠标按钮后按下 Ctrl 键来使用其他轴。

②Orientation(取向):在对话框的这个部分,可以设置一个精确的对象方向,取向参数对话框如图 5.25 所示。

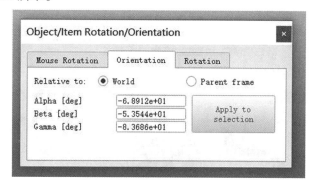

图 5.25　取向参数对话框

a. 相对于世界/父坐标系:表示所指示的欧拉角相对于绝对参考系或相对于父参考系。

b. Alpha / Beta / Gamma:选择对象相对于指定参考系(世界或父参考系)的欧拉角。

③Rotation(旋转):在对话框的这一部分中,可以实现精确的对象旋转,旋转参数对话框如图 5.26 所示。

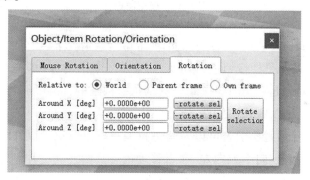

图 5.26　旋转参数对话框

a. 相对于世界/父参考系/自身参考系:表示旋转将相对于绝对参考系、父参考系或对象自身的参考系。

b. 绕 X / Y / Z 轴旋转:表示围绕所指示的参考系(世界、父系或自身的参考系)的 X 轴、Y 轴、和 Z 轴的所期望的转动量。

(7)Model browser(模型浏览器,图 5.27):默认情况下,模型浏览器是可见的,但可以使用其相应的工具栏按钮进行切换。在其上部显示 CoppeliaSim 模型文件夹结构,在其下部显示所选文件夹中包含的模型的缩略图。可以将缩略图拖放到场景中以自动加载相关模型。如果放置区域不受支持或不合适,则捕获的缩略图将显示为深色。

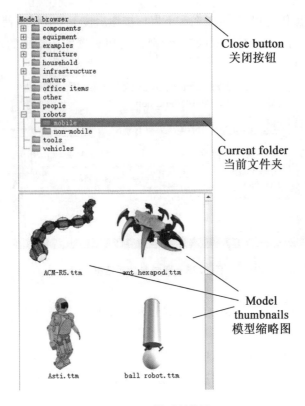

图 5.27 模型浏览器

(8) Scene hierarchy(场景层次结构,图 5.28):默认情况下,场景层次结构是可见的,但可以使用其相应的工具栏按钮进行切换,它显示场景的内容(即构成场景的所有场景对象)。由于场景对象是在类似层次结构的结构中构建的,因此场景层次结构将显示此层次结构的树,并且可以展开或折叠各个元素。双击图标将打开/关闭与单击的图标相关的属性对话框。双击对象别名可以对其进行编辑。鼠标滚轮以及场景层次结构视图滚动条的拖动允许向上/向下或向左/向右移动内容。始终支持控制和换挡选择。可以将场景层次结构中的对象拖放到另一个对象上,以创建父子关系。如果模拟器处于编辑模式状态,场景层次结构将显示不同的内容。

(9) page(页面):每个场景最多可以包含 8 个页面,每个页面可以包含无限数量的视图。可以将页面视为视图的容器。

(10) views(视图):一个页面中包含的视图数可以不受限制。视图用于显示通过可查看对象(如相机、图形或视觉传感器)看到的场景(本身包含环境和对象)。

(11) information text(信息文本):信息文本显示与当前对象/项目选择以及运行仿真状态或参数相关的信息。文本显示可以使用页面左上角的两个小按钮之一进行切换。另一个按钮可用于切换白色背景,根据场景的背景颜色提供更好的对比度。

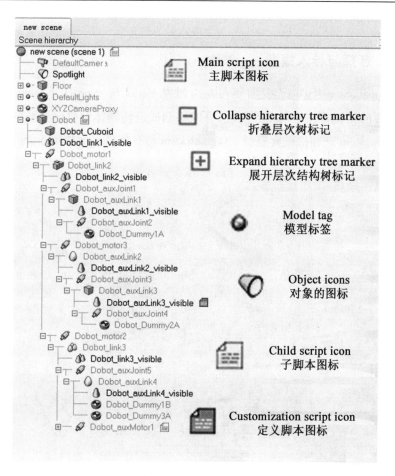

图 5.28　场景层次结构

（12）status bar（状态栏）：状态栏显示与执行的操作、命令相关的信息，还显示来自脚本解释器的错误消息。在脚本中，用户还可以使用 sim. addLog 函数将字符串输出到状态栏或控制台。默认情况下，状态栏仅显示两行，但可以使用其水平分隔手柄调整其大小。

（13）Lua commander（Lua 命令行）：读取－评估－打印循环，将文本输入添加到 CoppeliaSim 状态栏，允许动态输入和执行 Lua 代码，就像在终端中一样。该代码可以在沙盒脚本中运行，也可以在 CoppeliaSim 中的任何其他活动脚本中运行。

（14）custom user interfaces（自定义用户界面）：自定义用户界面是用户定义的 UI 图面，可用于显示信息（文本、图像等）或自定义对话框，从而允许以自定义方式与用户交互。

（15）popup menu（弹出菜单）：弹出菜单是单击鼠标右键后显示的菜单。要激活弹出菜单，需确保鼠标在单击操作期间不会移动，否则可能会激活相机旋转模式。应用程序窗口中的每个图面（如场景层次结构视图、页面、视图等）都可能触发不同的弹出菜单。弹出菜单的内容也可能根据当前的模拟状态或编辑模式而变化。大多数弹出菜单的功能也可以通过菜单栏访问，但视图菜单项除外，该菜单项仅在视图或页面上激活弹出菜单时显示。

5.2.2 选择与导入模型

使用 CoppeliaSim 构建模型只需要在左边列表 Model browser 打开 robots-non-mobile，然后找到需要的机械臂并拖入场景便可，可以移动或旋转物体到自己想要的位置。即可导入 Dobot Magician 三轴机械臂模型。CoppeliaSim 仿真软件界面如图 5.29 所示。

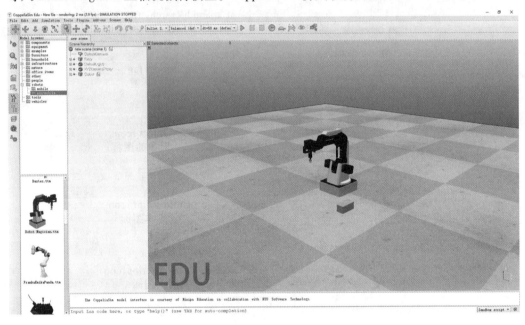

图 5.29 CoppeliaSim 仿真软件界面(1)

思考与拓展

1. 向场景里添加五个黄色方块和五个红色方块。

2. 向场景里添加三个不同颜色的圆，并生成一个透明的圆柱。

3. 导入一款 Dobot Magician 机械臂，将机械臂调整在软件界面的中心位置。

5.3 会写字的机械臂

学习目标

1. 掌握仿真场景中快速添加机械臂末端工具的使用方法。

2. 学会仿真场景中使用机械臂绘制功能的实现方法。

3.掌握机械臂末端运动轨迹的颜色设置。

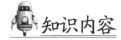知识内容

1.构建模型

参照5.2.2小节内容便可导入三轴机械臂模型。

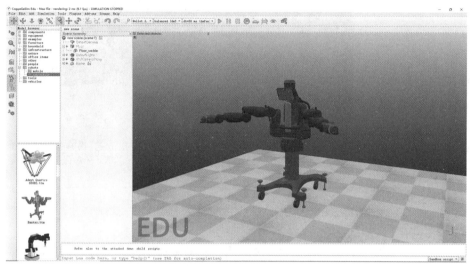

图5.30　CoppeliaSim仿真软件界面(2)

2.设置画笔工具

Graph是记录和可视化模拟数据的场景对象。数据记录在数据流中,数据流是与时间戳相关的值的顺序列表。数据流可以直接可视化为时间图。通过组合2或3个数据流,可以获得场景中的 x/y 曲线或3D曲线。用户负责定义数据流、曲线,并定期向它们提供适当的数据,通常每个步骤模拟一次。图5.31显示了可视化3个关节数据流的速度随时间变化曲线。

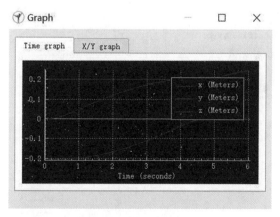

图5.31　时间图示例

使用菜单栏→Add→Graph,将 Graph 添加至环境场景中,界面如图 5.32 所示。

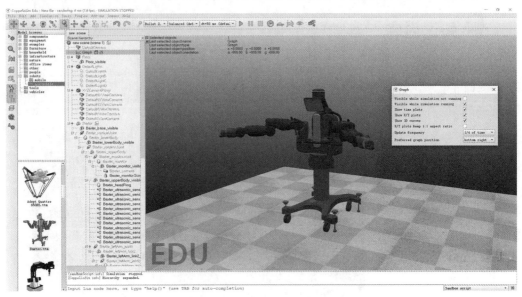

图 5.32　CoppeliaSim 软件界面

在将一个物体移动到另一个物体的位置上时,大多数人会选择直接拖动,或者通过输入坐标实现,更简便的方法如图 5.33、5.34 所示,将 Graph 放到机械臂末端的目录下,将一个物体快速移动到另一个物体的位置上。按住 Ctrl 选择 Graph 与机器的末端,点击 Assemble/disassemble 进行装配/拆装。

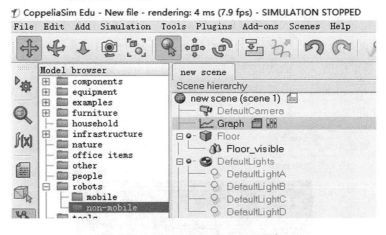

图 5.33　Assemble/disassemble 图标

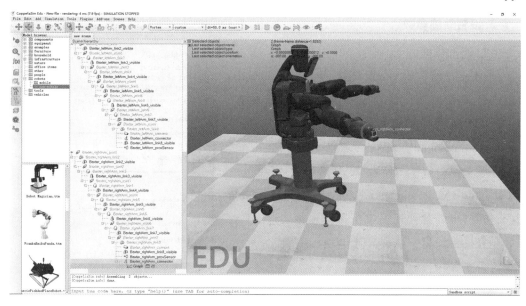

图 5.34　CoppeliaSim 软件界面(2)

　　点击 object/item shift 将 Graph 移动到机器的末端,按住 Ctrl 先选中 Graph 再选中需要的 connector,因为是将 Graph 放置到机器人末端,而不是将机器人末端移动到 Graph。弹出 object/Item Translation/Position 对话框后,选中 Position 再点击 Apply to selection,如图 5.35 所示。

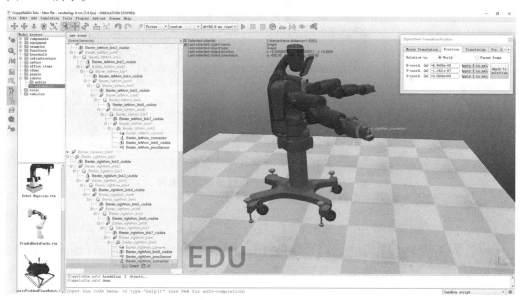

图 5.35　位置参数对话框

3. 设置轨迹参数

（1）添加数据。

双击层次结构中 Graph 图标，点击 Add new data strem to record，分别添加至 Object 的 x, y, z 位置，如图 5.36 所示，并修改数据名称为 absolute – x，absolute – y，absolute – z，然后点击 Edit 3D curves，Add new curve，x，y，z – Value 分别选为 absolute – x，absolute – y，absolute – z，点击"OK"。然后重新运行仿真，可以看到视图中机械臂运行轨迹，其 x，y，z 值在图像窗口中显示，如图 5.37 所示。

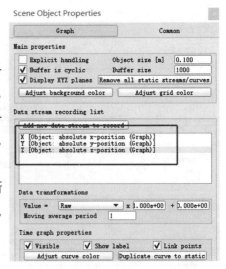

图 5.36　添加数据对话框

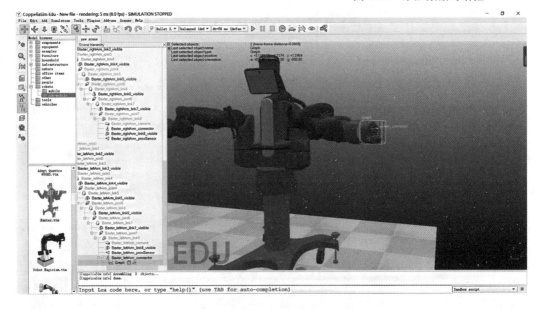

图 5.37　**Graph** 装配到机械臂末端效果图

（2）设置三维轨迹显示。

点击 Edit 3D curves 编辑三维轨迹，再点击 Add new curve 添加新曲线在这里选择 X，Y，Z 数据分别为 X，Y，Z，如图 5.38 所示。

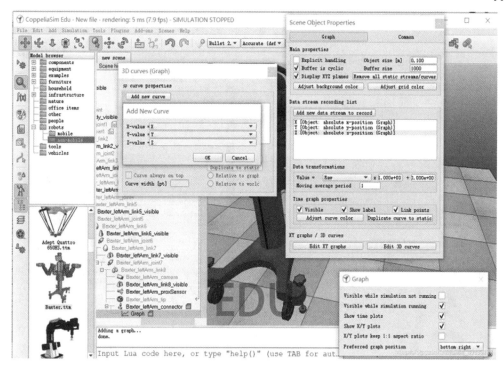

图 5.38　3D curves 对话框

4. 效果演示

完成后的效果如图 5.39 所示。

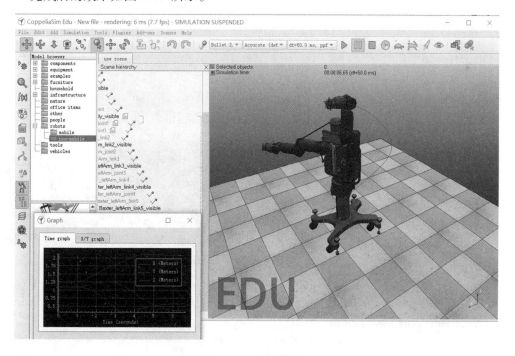

图 5.39　效果图(1)

此外还可以根据个人喜好更换机器人运动轨迹颜色，如图 5.40 所示。

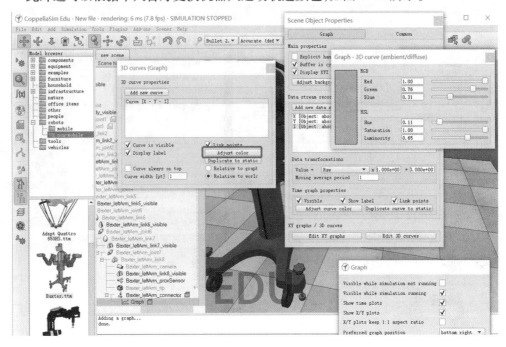

图 5.40　Adjust color 对话框

根据需求设置完成后的效果如图 5.41 所示。

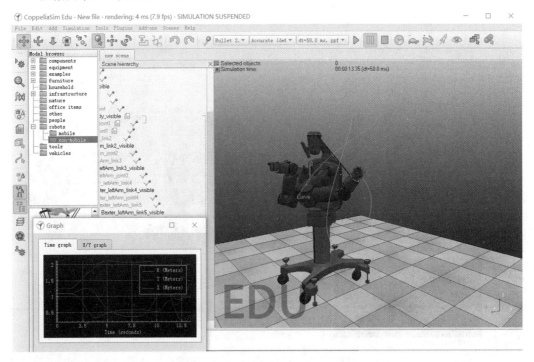

图 5.41　效果图(2)

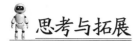思考与拓展

1. 在仿真环境以"ABC"为例使用机械臂画出自己姓名的大写首字母。

2. 在仿真环境使用机械臂画出数字"9"的轨迹。

3. 在完成第2题基础上,将机器人运动轨迹的颜色设置为黄色。

5.4　会下棋的机械臂

学习目标

1. 了解 CoppeliaSim 软件中的主脚本功能。

2. 掌握 CoppeliaSim 软件中常用函数的使用方法。

3. 了解 Lua 脚本语言的特点及仿真功能的实现。

4. 掌握 CoppeliaSim 软件中视觉功能的基本操作。

知识内容

5.4.1　主脚本功能

在默认的情况下,CoppeliaSim 中的每个场景都会有一个主脚本。它包含允许模拟运行的基本代码。如果没有主脚本,正在运行的模拟将不会做任何事情。主脚本可以使用更多的系统回调函数来响应各种事件。

不应修改主脚本的主要原因是:CoppeliaSim 的优势之一是任何模型(机器人、执行器和传感器等)都可以复制到场景中并立即运行。修改主脚本时,将面临模型不再按预期执行的风险(例如,如果主脚本缺少命令 sim.handleChildScripts,那么复制到场景中的所有模型都将无法运行)。但是,如果出于某种原因确实需要修改场景的主脚本,用户可以通过双击场景层次结构顶部世界图标旁边的浅红色脚本图标来执行此操作,如图5.42所示。

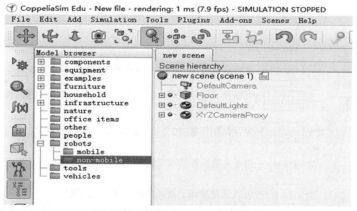

图 5.42　Coppeliasim 软件界面(3)

大多数子脚本的系统回调函数都是通过 sim. handleChildScripts 函数从主脚本调用的,该函数对场景层次结构和附加到单个场景对象的子脚本进行操作。

本章介绍的 Lua 是一门强大、快速、轻量的嵌入式脚本语言,不仅可以作为扩展脚本,也可以作为普通的配置文件,代替.XML、.ini 等文件格式,并且更容易理解和维护。

5.4.2　常用函数

(1)初始化函数:sysCall_init( )。此函数将在模拟开始时执行一次,该代码负责准备模拟等。

(2)驱动函数:sysCall_actuation( )。此函数将在每个模拟过程中执行,该代码负责处理模拟的所有驱动功能。其中,sim. handleChildScripts 命令较为特别,是子脚本的 sysCall _actuation 回调函数。如果没有该命令,子脚本将不会执行,或者不会执行它们的驱动功能,并且特定的模型功能或行为也将不会按预期运行。

(3)传感功能:sysCall_sensing。此函数将在每个模拟过程中执行,该代码负责以通用方式处理模拟的所有传感功能(接近传感器等)。控制系统里最重要的一块内容,也是笔者认为控制系统设计的核心。一切控制算法都是基于反馈来实现的,做机器人控制一定要注意有些值很难测量或者误差特别大(如电机电流、受摩擦影响大),有些值可以精准测量并且误差小(如关节角度)。其中,sim. handleChildScripts 是调用子脚本的 sysCall_sensing 回调函数。如果没有该命令,子脚本将无法执行其传感功能,特定模型功能或行为也将无法按预期运行。

(4)恢复功能:sysCall_cleanup。此函数将在模拟结束前执行一次,该代码负责恢复对象的初始配置、清除传感器状态等。

5.4.3　脚本语言特点及仿真功能

1. Lua 语言基本类型

Lua 是一种动态类型语言,变量没有类型定义,只有值才有类型,所有的值携带自己的类型,如图 5.43 所示。

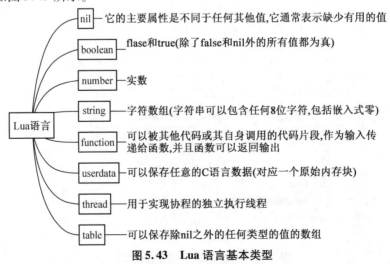

图 5.43　Lua 语言基本类型

2. Lua 语言中的变量

Lua 语言中的变量共有 3 种：全局变量、局部变量和表字段，除非明确声明为局部变量，否则任何变量均假定为全局变量，在对变量进行第一次赋值之前，其值为 nil，方括号用于索引表（如 value = table［x］）。

5.4.4 CoppeliaSim 视图（相机和视觉传感器）

（1）添加模型之前，需要点击 File→New scene 创建场景 New scene，场景中包含页面 page selector，页面中包含一个或多个视图 view，视图通过可视对象 Viewable objects 从不同的角度显示场景中的对象。

（2）选中 add→Camera 添加相机，其位置和方向为默认，选中层次结构中的 Camera，如图 5.44 所示，在视图中用鼠标右键点击 view→Associated view with selected Camera，同时可以通过自定义移动摄像头的位置选择不同视角。

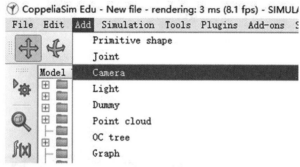

图 5.44 添加摄像头

（3）在场景中添加一个长方体，并设置其 Common 属性为可见，如图 5.45 所示，运行仿真，可以看到浮动视图中显示视觉传感器所看到的内容。

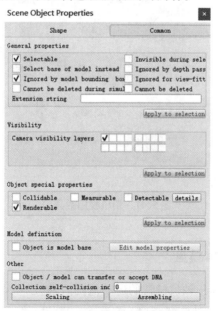

图 5.45 Common 属性对话框

（4）或者直接在视图中点击鼠标右键,选择 add→Camera,相机直接与视图关联,这样添加的相机位于视图前方,如图 5.46 所示。

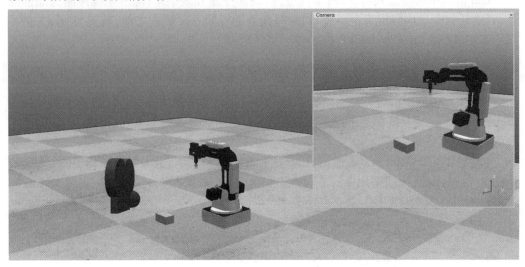

图 5.46　相机视图

（5）相机视图效果图如图 5.47 所示。

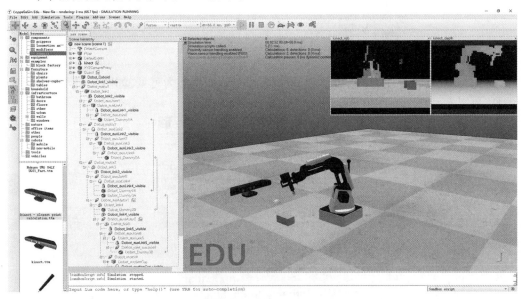

图 5.47　相机视图效果图

5.4.5　搭建五子棋棋盘

（1）在 Dobot Magician 三轴机械臂的运动范围内,搭建 6×6 的五子棋棋盘,将正方体按规律一个一个摆放好,如图 5.48、5.49 所示。

图 5.48　棋盘摆放侧视图

图 5.49　棋盘摆放俯视图

（2）棋盘摆放完成侧视图与俯视图如图 5.50、5.51 所示。

图 5.50　棋盘摆放完成侧视图

图 5.51　棋盘摆放完成俯视图

思考与拓展

1. 完成五子棋黑白棋子摆放，并将黑色摆放成一条线上

具体要求：虚拟环境中，在 Dobot Magician 三轴机械臂的运动范围内存在 18 个黄色、18 个红色的方块和 5 个黑色、4 个白色的圆盘，其中黄色方块叠放在坐标(x_1, y_1, z_1)、红色方块叠放在坐标(x_2, y_2, z_2)、黑色圆盘叠放在坐标(x_3, y_3, z_3)、白色圆盘叠放在坐标(x_4, y_4, z_4)，添加上述物体搭建成五子棋棋盘并显示机械臂运动轨迹，机械臂运动轨迹视图俯视图如图 5.52 所示。

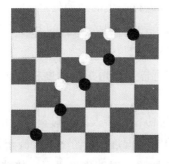

图 5.52　五子棋棋盘摆放俯视图

第6章　机械臂应用场景搭建与调试

6.1　知冷暖的机器人——基于温度传感器、湿度传感器的应用

学习目标

1. 能通过阅读工作任务联系单获取工作任务要求。
2. 能掌握温度传感器的工作原理及常见温度传感器的类型。
3. 能掌握湿度传感器的工作原理及常见湿度传感器的类型。
4. 能遵守机器人安全操作规则,根据任务要求进行程序设计与设备调试。
5. 能正确填写检测验收记录表。
6. 能熟练梳理任务工作流程,包括对传感器的调试、程序编制及调试等过程。

工作任务描述

华艺玻璃制造有限公司是一家玻璃瓶生产制作厂家,在玻璃制品烧制塑型的过程中,需要围绕高温熔炉进行作业。由于人们生活水平的不断提高,对各种饮品的需求量也日益增长,公司的订单持续增加,现需要对生产流水线进行升级改造,提高生产安全性和效率,适应公司发展要求。

玻璃加工的生产环境属于高温环境,员工很难在高温环境下长时间停留并进行生产工作,且玻璃熔制环节中,需要进行材料添加,过程存在危险因素,可能会伤及员工的人身安全;同时熔炉经过长时间的连续高温工作,会导致熔炼区周边环境温度升高、设备的安全系数降低,因此需要对环境进行一定的降温处理。

通过与华艺玻璃制造有限公司的沟通,本次的升级改造,是要由协作机器人来代替部分人工劳动力。整体功能要求如下:

①协作机器人通过温度传感器贴近熔炉的温度检测区,检测传送过来的物料是否达到温度要求;

②当温度达到要求后,通过协作机器人添加材料进行溶解;

③湿度传感器检测周围的空气湿度,当空气湿度低于设定值时,触发机器人上的风扇模块(开启风扇时,进行人工加湿),对工作区进行环境降温加湿处理。

本次升级改造,包括对机器人的硬件组装,软件编程和系统调试的工作,最后要把全套的操作手册交付给甲方,本次任务需要在一天内完成。玻璃生产熔炉车间参考图如图6.1所示。

图6.1　玻璃生产熔炉车间参考图

6.1.1　明确工作任务

　　阅读工作任务联系单(表6.1),根据实际情况补充完整。

表6.1　工作任务联系单(参考模板)

改造单位基本信息	任务负责人信息	姓名		部门及职务	
		办公电话		传真	
		手机		E-mail	
客户基本信息	联系人信息	姓名		部门及职务	
		办公电话		传真	
		手机		E-mail	
建设目标以及进度安排	总建设目标: 　　Taskor 机械臂在加工材料传送过来后,通过温度传感器贴近熔炉的温度检测区,当温度达到要求,通过 Taskor 机械臂添加材料进行溶解。同时,温度传感器检测周围的高温环境,当湿度高于设定值时,自动触发 Taskor 机械臂开启风扇模块(开启风扇时,进行人工加湿),对工作区进行环境降温加湿处理。 　　具体的实施过程: 　　1.任务描述; 　　2.任务技术资料准备; 　　3.对 Taskor 机械臂的配套传感器参数进行核对; 　　4.调试时以文档为参考,根据设备现场实际进行调试;				

建设目标以及进度安排	5. 要根据任务要求编写程序与调试； 6. 填写设备检测记录表； 7. 检测记录表、程序及操作手册交予用户使用； 8. 任务实施总用时：1天。
验收任务	工作人员工作态度是否端正：是□ 否□ 本次程序是否已解决问题：是□ 否□ 是否按时完成：是□ 否□ 客户评价：非常满意□ 基本满意□ 不满意□ 客户意见或建议：_____ <div align="right">客户签字：</div>

6.1.2 获取信息

1. 玻璃制品工艺流程

（1）配料：将生产玻璃的各种原料按类型堆放，储量大的如石英砂单独存放于仓库。

（2）预加工：对原料进行预加工处理，如硅砂、纯碱、长石、白云石、石灰石、芒硝等按计划配料粉碎、混合、搅拌、含铁原料进行除铁处理。

（3）熔制：配料送入熔炉后进行熔化，沉积在池炉底部的脏料和玻璃液流出。玻璃液流入通道，将玻璃液温度调节到成型所需的温度，保证成型黏度；

（4）成型：成型方法有吹制法、拉制法、压制法和吹压制法。

（5）退火：玻璃成型后经过退火工艺减少玻璃制品的热应力，退火炉中加热玻璃达到应变点的温度，再以一定的速率冷却至室温；

（6）加工：包括热加工和冷加工，热加工包括热切割、热封接、造型等工艺；冷加工包括抛磨等。

（7）检验：经过加工后的制品按照标准检验，剔除不合格制品并找出原因。

玻璃制品工艺流程如图6.2所示。

2. 知识储备

（1）温度传感器。

温度传感器，使用范围非常广，类型也非常多，在众多的传感器之中，居于首位。最常见的热电阻温度传感器是在中、低温区中最常用的类型，主要特点是测量精度高，性能稳定。铂热温度传感器的特点是精度超高，经常被制成标准的基准仪，广泛应用于工业测温。

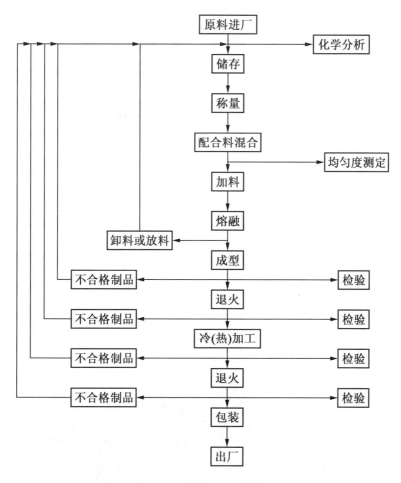

图6.2　玻璃制品工艺流程

①温度传感器的发展历程。

温度传感器的发展大致经历了三个阶段,第一阶段是传统的分立式传感器,这种传感器能够进行电量和非电量之间的转换;第二个阶段是模拟集成传感器;第三个阶段是智能温度传感器。目前来说,新型温度传感器正从以前的模拟式向着数字式、集成化、智能化及网络化的方向发展。

②温度传感器的分类。

目前市场上常用的温度传感器可以分为两类,一类是接触式传感器,另一类是非接触式传感器,这是按照传感器与被测介质的接触方式来进行分类的。

接触式温度传感器(图6.3),从名字就可以体会出,接触指的就是测温元件与被测对象之间的接触,只有通过接触才会有热传导和对流的产生,从而达到热平衡。这种测温方法比较简单原始,精度也比较高,还可以测量出物体内部的温度分布状况。可如果测量对象是运动的、热容量比较小的,或者对感温元件有腐蚀性的,那么这种传感器就不再适用了。

图6.3　接触式温度传感器

非接触式温度传感器(图6.4),指的是测温时,测温元件与被测对象相互之间不接触。最常用方法的就是通过辐射热交换原理来实现的测温。这种测温方法的特点是对运动状态、小目标及热容量小的或者温度变化速度快的对象也可以进行精确的测量,其缺点就是,虽然这种方法也可以测量温度场的温度分布状态,但是数值受环境的影响比较大。

图6.4　非接触式温度传感器

③温度传感器的原理。

a.精通型温度传感器(图6.5(a))热电阻。工业常用的温度传感器内部使用的是热电阻感温元件。热电阻的测温原理是,被测对象温度的变化可以直接通过温度传感器里的热电阻阻值的变化来得到,所以说,温度传感器热电阻体的引出线、材质等各种导致电阻阻值的变化都会影响温度的测量。

b.铠装温度传感器(图6.5(b))热电阻。铠装温度传感器内部的热电阻由感温元件、引线、绝缘材料、不锈钢套管组成,与普通型温度传感器热电阻相比,它有体积小、内部无空隙、机械性能好、耐震、抗冲击、能弯曲、便于安装、使用寿命长等特点。

c.端面温度传感器(图6.5(c))热电阻。端面温度传感器内部的热电阻感温元件是由一种特殊处理的电阻丝材质绕制而成的,紧贴在温度计的端面上。与一般的轴向温度传感器热电阻相比,它可以更快速和正确地反映被测端面的实际温度,这种传感器适用于测量轴瓦以及其他机件类的端面温度。

d.隔爆型温度传感器(图6.5(d))热电阻。隔爆型温度传感器内部的热电阻是通过一个外壳把内部爆炸性混合气体因受到火花或电弧等影响而发生的爆炸局限在特殊结构的接线盒内,这样生产现场就不会引起爆炸。这种传感器通常用在有爆炸危险场所的温度测量。

(a)精通型温度传感器　　(b)铠装温度传感器　　(c)端面温度传感器　　(d)隔爆型温度传感器

图6.5　各种温度传感器

(2)湿度传感器。

湿度是一个与人类生存和社会活动密切相关的指标。可以说,在现代的社会里,没有一个领域是与湿度无关的。应用领域不同,对湿度的要求不同,因此对湿度传感器的技术要求也各不相同。从制造的角度看,湿度传感器的材料不同、结构不同、工艺不同,那么其性能和技术指标就会有非常大的差异,也决定了其价格相差甚远。

①湿度传感器的分类及特点。

湿度传感器有电阻式和电容式两种,产品的基本形式都是在基片涂覆感湿材料以形成感湿膜。工作的时候,空气中的水蒸气就会吸附于感湿材料,之后元件的阻抗、介质常数就会跟着发生变化,从而制成了湿敏元件。湿度传感器的特点如下。

a.精度和长期稳定性。湿度传感器的精度应要达到±2%～±5%RH,如果达不到这个水平那么就不能作为计量器具使用。在实际使用中,尘土、油污及有害气体等都会对精度产生影响,而且使用一段时间后,传感器也会老化,精度下降。因此湿度传感器的精度水平追求的是长期稳定性。一般来说,湿度传感器的质量决定着其长期稳定性和使用寿命,年漂移量控制在1%RH水平的产品很少,一般都在±2%左右,甚至更高。

b.湿度传感器的温度系数。湿敏元件对环境湿度很敏感,对温度也很敏感,它的温度系数一般在0.2%～0.8%RH/℃范围内,有的湿敏元件在不同的相对湿度下,温度系数也会有差别。大多数湿敏元件是难以在40℃以上的环境下正常工作的。

湿度传感器的供电:对金属氧化物陶瓷、高分子聚合物和氯化锂等湿敏材料施加直流电压时,会导致性能变化,甚至失效,所以这类湿度传感器不能用直流电压或有直流成分的交流电压,必须是交流电供电。

c. 互换性。目前,湿度传感器普遍存在着互换性差的现象,同一型号的传感器不能互换,严重影响了使用效果,给维修、调试增加了困难。

d. 湿度校正。校正湿度比校正温度困难很多。温度标定往往用一根标准温度计做标准就可以了,而湿度的标定标准较难实现,干湿球温度计和一些常见的指针式湿度计由于精度无法保证是不能用来做标定的。一般情况,在缺乏完善的检定设备时,通常用简单的饱和盐溶液检定法,并测量其温度。

②常用的湿度传感器(图6.6)。

a. 氯化锂湿度传感器。常用的有"电阻式氯化锂湿度计"和"露点式氯化锂湿度计"。

图6.6　各种各样的湿敏传感器

电阻式氯化锂湿度计是基于电阻湿度特性原理的氯化锂电湿敏元件,这种元件具有较高的精度,同时结构简单、价廉,适用于常温常湿的测控等一系列优点。

露点式氯化锂湿度计是由美国首先研制出来的,这种湿度计与电阻式氯化锂湿度计形式相似,但工作原理却完全不同。它是利用氯化锂饱和水溶液的饱和水汽压随温度变化而进行工作的。

b. 碳湿敏元件。碳湿敏元件具有响应速度快、重复性好、无冲蚀效应和滞后环窄等优点。我国气象部门于20世纪70年代初开展碳湿敏元件的研制,并取得了积极的成果,其测量准确度高,不确定度为±5%RH,时间常数在正温时为2～3 s,滞差在7%左右,比阻稳定性也非常好。

c. 氧化铝湿度计。其最突出优点是,体积非常小,可用于探空仪的湿敏元件仅90 μm厚、12 mg重,灵敏度高,测量下限可达 -110 ℃露点,响应速度快,一般在0.3～3 s之间,测量信号直接以电参量的形式输出,大大简化了数据处理程序。

d. 陶瓷湿度传感器。在湿度测量领域中,对于低湿和高湿以及在低温和高温条件下的测量,到目前为止仍然是一个薄弱环节,而其中又以高温条件下的湿度测量技术最为落后。以往,通风干湿球湿度计几乎是在这个温度条件下可以使用的唯一方法,而该法在实际使用中也存在种种问题,无法令人满意。另一方面,科学技术的进展,要求在高温下测量湿度的场合越来越多,如水泥加工、金属冶炼、食品加工等涉及工艺条件和质量控制的许多工业过程的湿度测量与控制。实践证明,陶瓷元件不仅具有湿敏特性,而且还可以作为感温元件和气敏元件。这些特性使它极有可能成为一种有发展前途的多功能传感器。

思考与拓展

1. 温度传感器一般使用在什么场合?

2. 温度传感器是如何分类的?

3. 湿度传感器的特点是什么?

4. 常见的湿敏传感器有哪些?

6.1.3 制定工作计划

根据实际情况补充表6.2。

表6.2 工作计划表(参考模板)

工作计划						
任务:基于温度传感器、湿度传感器的应用					工作时间	
序号	工作阶段/步骤	准备清单机器/工具/辅助工具	工作安全	工作质量环境保护	计划	实际
1	核对元器件型号	产品技术手册	避免触电、挤压危险	未明功能区域不要擅自使用		
2	各模块通信	通信线		数据传输电缆应轻拔轻插		
3	传感器调试	螺丝刀				
4	程序编写	计算机				
5	程序调试	计算机,Taskor 机械臂		设备按键应轻按		
6	编写任务资料、程序注释、存档	计算机				

日期: 培训教师: 日期: 受训人:

6.1.4 现场施工

1. 硬件组装

依据清单来核对材料,材料清单见表6.3所列。

表 6.3　材料清单

名称	数量	样式
Taskor 机械臂	1 台	
温度传感器	1 个	
湿度传感器	1 个	
风扇模块	1 个	

续表 6.3

名称	数量	样式
通信线	1 条	
适配器	1 条	

安装步骤参考如下：

（1）在停止工作的高温工作区安装 Taskor 机械臂，如图 6.7 所示。

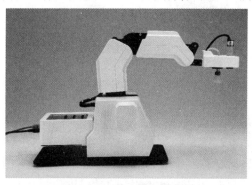

图 6.7　安装 Taskor 机械臂

（2）根据 Taskor 机械臂的电气原理图在相应的位置安装上温度传感器、湿度传感器以及风扇模块，如图 6.8、6.9 所示。

（3）根据电气接线图对设备进行的电气布线，如图 6.10 所示。

（4）检查线路是否正常、Taskor 机械臂是否正常、传感器是否正常，如图 6.11 所示。

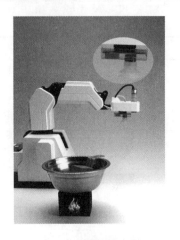

图6.8　温度传感器

图6.9　湿度传感器、风扇模块的安装

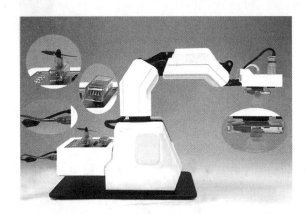

图6.10　电气接线

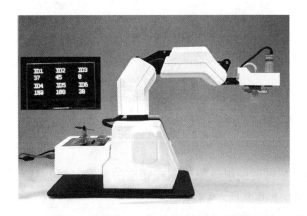

图6.11　检测通电后设备是否处于正常状态

2. 软件编写过程

控制装有温度传感器的Taskor机械臂贴近熔炉的温度检测区,如图6.12所示。

图 6.12 靠近测温区测温

通过 Taskor 机械臂的 I/O 端口采集温度传感器检测的温度数据。

当检测熔炉的温度到达设定温度时,Taskor 机械臂就会通过末端执行器往熔炉里添加材料进行溶解,完成材料的添加后会回到初始位置等待材料溶解完成,此过程一直往复执行,如图 6.13 所示。

(a)抓起加热材料

(b)准备投放加热材料

(c)投放加热材料完成

(d)投放完成返回初始位置

图 6.13 Taskor 机械臂工作过程

Taskor 机械臂在开始工作时,每间隔 2 min 开启湿度传感器检测周围的空气湿度,当湿度低于 50% RH 时,自动触发 Taskor 机械臂开启风扇模块,对工作区进行环境降温加湿处理,直至周围湿度恢复正常或者恒定,如图 6.14 所示。

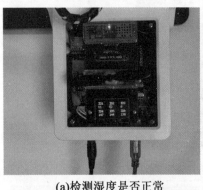

(a)检测湿度是否正常

(b)温度低于50%

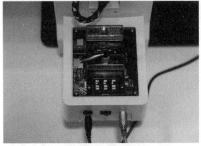

(c)风扇模块运行

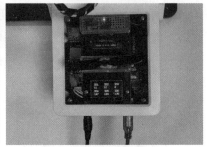

(d)温度恢复正常

图 6.14　Taskor 机械臂风扇模块工作过程

3. 调试过程

通过用嘴呵气或利用其他加湿手段对湿度传感器加湿,通过 Taskor 机械臂的 I/O 端口采集数据观察湿度传感器的灵敏度,如图 6.15 所示。

通过使用温度高些的物品,如热水,贴近温度传感器,通过 Taskor 机械臂的 I/O 端口采集数据观察温度传感器的灵敏度,如图 6.16 所示。

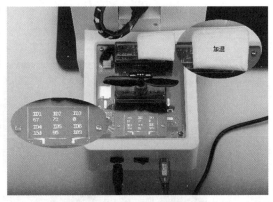

图 6.15　湿度传感器调试

(a)温度检测

(b)温度发生变化

图6.16 温度传感器调试 　　图6.17 调试移动到测温区的精确度

调试出Taskor机械臂从等待区移动到测温区的路径,使温度传感器贴近测温区检测熔炉的温度,如图6.17所示。

在运行Taskor机械臂工作时,计算间隔时间观察湿度传感器检测的数据,同时,在湿度低于设定值时,观察风扇模块是否正常启动进行降温处理,如图6.18所示。

(a)温度减低风扇开启

(b)模拟加强湿度

图6.18 风扇模块调试

注意事项:

(1)在老师的指导下进行设备台的动作调试;

(2)系统通电后,需保证Taskor机械臂运动范围内无阻挡;

(3)系统操作前,确保传感器或相关模块可以正常使用;

(4)系统运动中,不要人为干扰系统的传感器信号,否则系统可能会出现异常;

(5)系统运动异常时,要及时关闭电源开关,查找问题原因;

(6)调试完成后,存档保存程序。

6.1.5 验收、总结与评价

1.项目验收

任务验收阶段,需与"客户"沟通,任务功能验证表见表6.4所列。

表 6.4   任务功能验证表(参考模板)

序号	需求内容	验证步骤	验证结果	是否通过
1				
2				
3				
4				
5				
6				
7				
8				
9				

任务需求功能已通过。

客户签字:

年   月   日

在验收工程中,向"客户"一一验证任务功能,确认没有问题后,在验证表上签字。

2. 任务文档验收

在任务功能测试没有问题后,需将所有任务涉及文档进行检查核对及整理打包,最后转交给"客户"(教师根据学生提交的文档判断是否齐全),运转维护资料表见表 6.5所列。

表 6.5   转运维护资料表(参考模板)

任务资料	是否齐全	
程序电子文档	□是	□否
程序注释	□是	□否
工作任务联系单	□是	□否
工作计划表	□是	□否
操作手册	□是	□否
任务功能验收单	□是	□否

注:整体打包插入附件。

3. 任务学习总结

以小组为单位,选择演示文稿、展板、海报、录像等形式中的一种或几种,向全班展示、汇报学习成果。

4. 综合评价

根据实际情况,由老师对学生的工作过程进行评价,并填写表6.6。

表 6.6　评价表(参考模板)

评价项目	评价内容	评价标准	评价分数
职业素养	安全意识、责任意识(10分)	A.作风严谨、自觉遵章守纪、出色完成任务(9~10分) B.能够遵守规章制度、较好完成工作任务(7~8分) C.遵守规章制度、没完成工作任务或完成工作任务、但忽视规章制度(6~5分) D.不遵守规章制度、没完成工作任务(0~6分)	
	学习态度(10分)	A.积极参与教学活动,全勤(9~10分) B.缺勤达本任务完成总学时的10%(7~8分) C.缺勤达本任务完成总学时的20%(6~7分) D.缺勤达本任务完成总学时的30%(0~6分)	
	团队合作意识(10分)	A.与同学协作融洽、团队合作意识强(9~10分) B.与同学能沟通、协同工作能力较强(7~8分) C.与同学能沟通、协同工作能力一般(6~7分) D.与同学沟通困难、协同工作能力较差(0~6分)	
专业能力	学习活动1 获取任务 (20分)	A.按时、完整地完成工作页,问题回答正确(18~20分) B.按时、完整地完成工作页,问题回答基本正确(14~18分) C.未能按时完成完成工作页,内容遗漏、错误较多(10~14分) D.未完成工作页(0~10分)	
专业能力	学习活动2 工作前准备 (20分)	A.学习活动评价成绩为(18~20分) B.学习活动评价成绩为(14~18分) C.学习活动评价成绩为(10~14分) D.学习活动评价成绩为(0~10分)	
	学习活动3 任务实施 (20分)	A.学习活动评价成绩为(18~20分) B.学习活动评价成绩为(14~18分) C.学习活动评价成绩为(10~14分) D.学习活动评价成绩为(0~10分)	
学习成果	功能(10分)	A.实现全部功能(9~10分) B.实现一半以上功能(7~8分) C.实现少部分功能(6~7分) D.没实现任何功能(0~6分)	

续表 6.6

评价项目	评价内容	评价标准	评价分数
	创新能力	学习过程中提出具有创新性、可行性的建议	加分奖励：
	班级	学号	
	姓名	综合评价分数	

评语：

指导教师		日期	

6.2　懂避让的机器人——基于人体红外传感器、微动开关的应用

 学习目标

1. 能通过阅读工作任务单明确工作任务要求。

2. 能了解人体红外传感器的型号、分类及各项参数并掌握人体红外传感器的工作原理。

3. 能了解微动开关的型号、分类及各项参数并掌握微动开关的工作原理。

4. 能在遵守机械臂安全操作规则的前提下，根据任务要求编制程序并在设备上进行调试。

5. 能正确填写检测验收记录表。

6. 能熟练梳理任务工作流程，包括对传感器的调试、程序编制及调试等过程。

知识内容

随着我国社会老龄化的日益加剧，劳动成本大幅提升，劳动力越发短缺，在生产中实现高自动化流程成为必然趋势。其中发展现代物流是我国装备制造业调整产业结构重点发展的战略性新兴产业，而工业机器人生产线是支撑自动化物流系统的核心装备，如图 6.19 所示。

图 6.19 物流货物存储车间参考图

在科技发展的时代,欧曼国际物流有限公司目前制成品包装工序大多采用手工或者半手工操作,物料的运输效率低、员工劳动强度高并且存在二次污染、安全事故的风险,因此自动化码垛物流装备成了生产的必须,不仅可以减轻员工劳动强度,更重要的是减少甚至是杜绝了安全事故的发生。

欧曼国际物流有限公司为了生产力能得到提升、减轻员工劳动强度以及避免员工在忙碌时忽略的生产安全等问题,尽最大可能杜绝安全事故的发生。

通过与欧曼国际物流有限公司的沟通以及实地考察,本次的针对性升级改造,是由机械臂来代替人工部分高强度并伴有危险的工作,同时代替存在危险、老式的机械臂,整体功能要求如下:

①机械臂能在进行搬运、装卸、存储等码垛物流任务的时候通过人体红外传感器感知自身工作范围内是否有员工出现;

②对员工而言,机器人正在工作时是极其危险的,当员工出现在协作机器人的工作范围时,机械臂能暂时停止工作,当员工远离危险区后,机械臂再继续执行工作;

③使用微动开关控制机械臂开始工作或者停止工作,当员工需要休息时,员工能自主控制机械臂的启停,即使是突然停止,在下一次启动时也能以停止前的位姿继续工作。

欧曼国际物流有限公司委托作者团队针对现状进行升级改造,包括对机器人的硬件组装,软件编程和系统调试的工作,最后要把全套的操作手册交付给欧曼,本次任务需要在两天内完成。

6.2.1 明确工作任务

阅读工作任务联系单(表6.7),根据实际情况补充完整。

表 6.7 工作任务联系单

改造单位基本信息	任务负责人信息	姓名		部门及职务	
		办公电话		传真	
		手机		E-mail	
客户基本信息	联系人信息	姓名		部门及职务	
		办公电话		传真	
		手机		E-mail	
建设目标以及进度安排	总建设目标：				

建设目标以及进度安排	总建设目标： 　　Taskor 机械臂在工作时，员工将货物运送到指定的放置位置时，若员工进入了机械臂身上人体红外传感器的检测范围，Taskor 机械臂就会停止工作，待员工离开。同时，员工需要长时间停留或者是停止工作进行休息时，即可按下微动开关，暂停 Taskor 机械臂的工作，即可进行检修等工作。具体的实施过程如下： 　　1. 任务描述； 　　2. 任务技术资料准备； 　　3. 对 Taskor 机械臂的配套传感器参数进行核对； 　　4. 调试时以文档为参考，根据设备现场实际进行调试； 　　5. 要根据任务要求进行编写程序与调试； 　　6. 填写设备检测记录表； 　　7. 检测记录表、程序及操作手册交予用户使用； 　　8. 任务实施总用时：2 天。
验收任务	工作人员工作态度是否端正：是□　否□ 本次程序是否已解决问题：是□　否□ 是否按时完成：是□　否□ 客户评价：非常满意□　基本满意□　不满意□ 客户意见或建议：_____ 　　　　　　　　　　　　　　　　客户签字：

6.2.2　获取信息

1. 红外传感器

（1）红外传感器的定义。

利用红外线的物理性质来进行测量的传感器如图 6.20 所示。红外线又称红外光，它具有反射、折射、散射、干涉和吸收等特性。任何物质，只要本身有高于绝对零度的温度，都能辐射红外线。红外传感器在测量时，是不需要与被测物体直接接触的，因而不会存在摩擦，并且有灵敏度高、响应快的特点。红外传感技术在现代科技、国防和工农业等领域都获得了广泛的应用。

（2）红外传感器的分类及用途。

红外传感器由光学系统、检测元件和转换电路三部分组成。红外传感器有按照光学系统结构来分的,分为透射式和反射式两大类;也有按照检测元件的工作原理来分的,分为热敏检测元件和光电检测元件。

6.1.2 小节讲过,热敏元件最常见的是热敏电阻,当热敏电阻受到红外线辐射时,温度就会升高,电阻的阻值就会相应地发生变化,然后再通过转换电路变成电信号输出。

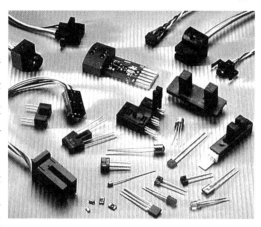

图6.20 各式各样的红外线传感器

光电检测元件中常用的光敏元件,通常是由硫化铅、硒化铅、砷化铟、砷化锑、碲镉汞三元合金、锗及硅掺杂等材料制成。

现代科技、国防和工农业等领域都是红外传感器广泛应用的领域(图6.21)。因为红外传感器的特点就是用于无接触温度测量、气体成分分析和无损探伤测量,所以在医学、军事、空间技术和环境工程等领域应用非常广泛。例如,"热像仪"就是采用红外传感器远距离测量人体表面温度而形成的热像图;在天气情况预测当中,就利用了人造卫星上的红外传感器对地球云层进行监视;检测飞机发动机时,使用红外传感器可检测其是否存在过热情况等。

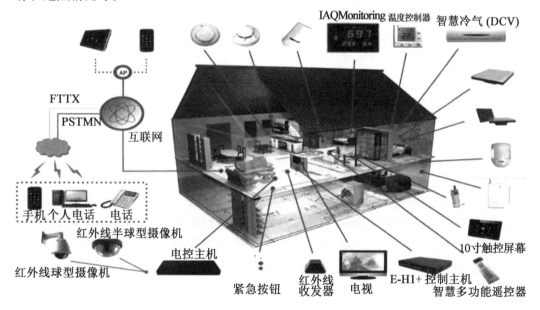

图6.21 红外线传感器使用非常广泛

（3）红外传感器的工作流程。

①待测目标：根据需要测定目标的红外辐射特性可以进行红外系统的设定。

②大气衰减：待测目标的红外辐射通过地球大气层的时候，由于气体分子和各种气体以及各种溶胶粒的散射和吸收，将使得红外源发出的红外辐射发生衰减。

③光学接收器：它接收目标的部分红外辐射并传输给红外传感器。相当于雷达天线，常用的是物镜。

④辐射调制器又称调制盘和斩波器：对来自待测目标的辐射调制成交变的辐射光，提供目标方位信息，并可滤除大面积的干扰信号，具有多种结构。

⑤红外探测器：这是红外系统的核心，它是利用红外辐射与物质相互作用所呈现出来的物理效应探测红外辐射的传感器，多数情况下是利用这种相互作用所呈现出的电学效应。此类探测器可分为光子探测器和热敏感探测器。

⑥探测器制冷器：由于某些探测器必须要在低温下工作，所以相应的系统必须有制冷设备。经过制冷，设备可以缩短响应时间，提高探测灵敏度。

⑦信号处理系统：将探测的信号进行放大、滤波，并从这些信号中提取出信息，然后将此类信息转化成为所需要的格式，最后输送到控制设备或者显示器中。

⑧显示设备：这是红外设备的终端设备，常用的显示器有示波器、显像管、红外感光材料、指示仪器和记录仪等。

依照上面的流程，红外系统就可以完成对相应的物理量的测量。红外系统的核心是红外探测器，按照探测的机理不同，可以分为热探测器和光子探测器两大类。下面以热探测器为例来分析探测器的原理。

热探测器是利用辐射热效应，使探测元件接收到辐射能后引起温度升高，进而使探测器中依赖于温度的性能发生变化。检测其中某一性能的变化，便可探测出辐射。多数情况下是通过热电变化来探测辐射的。当元件接收辐射，引起非电量的物理变化时，可以通过适当的变换后测量相应的电量变化。

总之红外传感器已经在现代化的生产实践中发挥着它的巨大作用，随着探测设备和其他部分技术的提高，红外传感器能够拥有更多的性能和更好的灵敏度。

2. 微动开关

微动开关的原理很简单，就是依靠机械结构来完成电路的导通和终端（图6.22）。当微动开关的探测臂受到碰撞时，探测臂受力下压，带动微动开关内部的簧片拨动，导致电路的导通。微动开关的优点是价格便宜、使用简单、使用范围广，对使用的环境条件没有什么限制；缺点是在发生碰撞后才能检测到障碍，且使用长时间后，开关容易发生机械疲劳，无法正常工作。

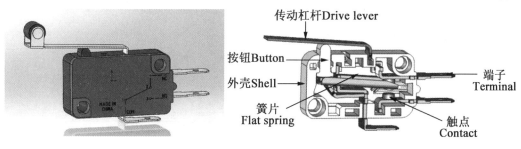

图 6.22　微动开关模型及原理示意图

思考与拓展

1. 什么是红外传感器？

2. 红外传感器的优点有哪些？

3. 红外传感器的工作流程是怎样的？

4. 微动开关的优、缺点有哪些？

6.2.3　制定工作计划

根据实际情况补充工作计划表(表 6.8)。

表 6.8　工作计划表

任务:基于人体红外传感器、微动开关的应用				工作时间	
序号	工作阶段/步骤	准备清单 机器/工具/辅助工具	工作安全	工作质量 环境保护	计划	实际
1	核对元器件型号	产品技术手册	避免触电、挤压危险	未明功能区域 不要擅自使用		
2	各模块通信	通信线		数据传输 电缆应轻拔轻插		
3	传感器调试	螺丝刀				
4	程序编写	计算机				
5	程序调试	计算机、机械臂		设备按键应轻按		
6	编写任务资料、 程序注释、存档	计算机				

日期：　　　培训教师：　　　　日期：　　　　受训人：

6.2.4　现场施工

1. 硬件组装

依据清单来核对材料，材料清单见表6.9所列。

表 6.9　材料清单

名称	数量	样式
Taskor 机械臂	1 台	
人体红外传感器	1 个	
微动开关	1 个	
通信线	1 条	

续表6.9

名称	数量	样式
适配器	1 条	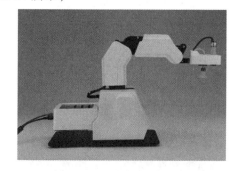

参考安装步骤如下：

（1）根据装配原理图在货物存储区域中装载 Taskor 机械臂，如图6.23所示；

（2）根据机械臂的电气原理图在相应的位置安装人体红外传感器以及微动开关，如图6.24所示；

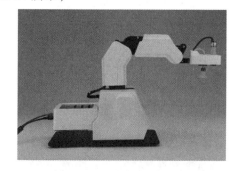

图6.23　安装 Taskor 机械臂

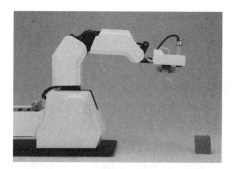

图6.24　根据要求安装好传感器

（3）根据电气接线图对设备进行布线，如图6.25所示；

（4）检查线路是否正常、Taskor 机械臂是否正常、传感器是否正常，如图6.26所示。

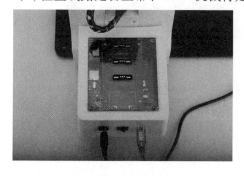

图6.25　电气连接

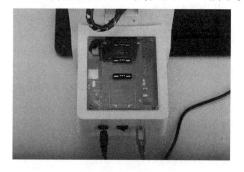

图6.26　启动页面

2. 软件编写过程

根据机械臂最大的工作范围设定人体红外传感器检测员工的范围,若人体红外传感器检测到员工进入机械臂的危险区域时,将执行以下动作:

①机械臂暂停工作,等待员工离开危险区,如图6.27所示;

②当员工离开危险区后,机械臂将继续开展工作,如图6.28所示。

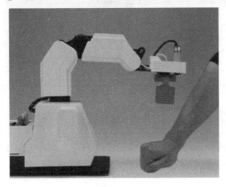 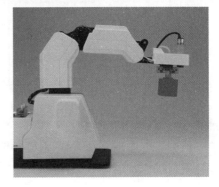

图6.27　触发人体感应　　　　　　图6.28　Taskor机械臂继续运行

若员工按下微动开关时,将执行以下动作:

①当长按微动开关5 s时,属于停止一切工作恢复初始状态。若机械臂末端执行器上有抓取货物时,会完成执行器上的货品放置,再恢复成初始状态。

②当点按微动开关时,暂停工作,保存现有的状态,当再次按下后机械臂将继续完成未完成的工作,图6.29所示。

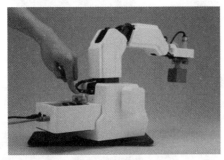 

(a)按下微动开关　　　　　　　　(b)Taskor机械臂继续运行

图6.29　Taskor机械臂微动开关工作流程

3. 调试过程

(1)测试机械臂基本功能。

①设定A、B两点位置,运行机械臂从A点运动B点,从B点返回A点,观察运动的轨迹是否符合逻辑,位置是否准确。

②运行采集传感器的程序,行人靠近、远离测试传感器采集的数据是否正常,如图

6.30所示。

（2）编写一段简短的搬运程序。

①设定人体红外传感器检测的范围,该范围可以先设置成协助机器人最大的工作范围,再慢慢缩小,选取一个较为合适的检测范围。

②设定拾取点 A、放置点 B,让协作机器人模拟从点 A 拾取物品,搬运到点 B 进行放置(不需要真抓起货物,但要有一个完整的动作流程)。让机械臂不断重复执行,注意测试

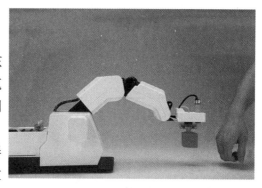

图 6.30　人体感应测试

时协作机器人的速度一定要是慢速的。在协助机器人工作时有人经过或者是停留在协作机器人的工作范围内,检验效果是否达到预想。

③在协作机器人运行的过程中,人为按下微动开关,点按与长按5 s,检验效果是否达到预想。

注意事项:

（1）在老师的指导下进行设备台的动作调试;

（2）系统通电后, 需保证 Taskor 机械臂运动范围内无阻挡;

（3）系统操作前,确保传感器或相关模块可以正常使用;

（4）系统运动中,不要人为干扰系统的传感器信号,否则系统可能会出现异常;

（5）系统运动异常时,要及时关闭电源开关,查找问题原因;

（6）调试完成后,存档保存程序。

6.2.5　验收、总结与评价

1. 项目验收

任务验收阶段,需与客户沟通,指定任务功能验证表见表6.10 所列。

表 6.10　任务功能验证表

序号	需求内容	验证步骤	验证结果	是否通过
1				
2				
3				
4				
5				

续表 6.10

任务需求功能已通过。

客户签字：
年　　月　　日

在验收工程中,向客户——验证任务功能,确认没有问题后,在验证表上签字。

2. 任务文档验收

在任务功能测试没有问题后,需将所有任务涉及文档进行检查核对及整理打包,最后转交给客户(教师根据学生提交的文档判断是否齐全),运转维护资料表见表 6.11 所列。

表 6.11　转运维护资料表

任务资料	是否齐全
程序电子文档	□是　　□否
程序注释	□是　　□否
工作任务联系单	□是　　□否
工作计划表	□是　　□否
操作手册	□是　　□否
任务功能验收单	□是　　□否
整体打包插入附件	

3. 任务学习总结

以小组为单位,选择演示文稿、展板、海报、录像等形式中的一种或几种,向全班展示、汇报学习成果。

4. 综合评价

根据实际情况,由老师对学生的工作过程进行评价,并填写表 6.12。

表 6.12　评价表(参考模板)

评价项目	评价内容	评价标准	评价分数
职业素养	安全意识、责任意识(10 分)	A. 作风严谨、自觉遵章守纪、出色完成任务(9~10 分) B. 能够遵守规章制度,较好完成工作任务(7~8 分) C. 遵守规章制度,没完成工作任务或完成工作任务、但忽视规章制度(6~5 分) D. 不遵守规章制度、没完成工作任务(0~6 分)	

续表6.12

评价项目	评价内容	评价标准	评价分数
职业素养	学习态度 (10分)	A. 积极参与教学活动,全勤(9~10分) B. 缺勤达本任务总学时的10%(7~8分) C. 缺勤达本任务总学时的20%(6~7分) D. 缺勤达本任务总学时的30%(0~6分)	
	团队合作 意识(10分)	A. 与同学协作融洽、团队合作意识强(9~10分) B. 与同学能沟通、协同工作能力较强(7~8分) C. 与同学能沟通、协同工作能力一般(6~7分) D. 与同学沟通困难、协同工作能力较差(0~6分)	
专业能力	学习活动1 获取任务 (20分)	A. 按时、完整地工作页,问题回答正确(18~20分) B. 按时、完整地工作页,问题回答基本正确(14~18分) C. 未能按时完成工作页,内容遗漏、错误较多(10~14分) D. 未完成工作页(0~10分)	
	学习活动2 工作前准备 (20分)	A. 学习活动评价成绩为18~20分 B. 学习活动评价成绩为14~18分 C. 学习活动评价成绩为10~14分 D. 学习活动评价成绩为0~10分	
	学习活动3 任务实施 (20分)	A. 学习活动评价成绩为18~20分 B. 学习活动评价成绩为14~18分 C. 学习活动评价成绩为10~14分 D. 学习活动评价成绩为0~10分	
学习成果	功能(10分)	A. 实现全部功能(9~10分) B. 实现一半以上功能(7~8分) C. 实现少部分功能(6~7分) D. 没实现任何功能(0~6分)	
创新能力		学习过程中提出具有创新性、可行性的建议	加分奖励:
班级			学号	
姓名			综合评价分数	

评语:

指导教师		日期	

6.3 消防机器人——基于刺激性气体、火焰传感器的应用

学习目标

1.能通过阅读工作任务联系单明确工作任务要求。

2.能了解气体传感器的型号、分类及各项参数并掌握其工作原理。

3.能在遵守协作机器人安全操作规则的前提下,根据任务要求编制程序并在设备上进行调试。

4.能正确填写检测验收记录表。

5.能熟练梳理任务工作流程,包括对机器人的调试、程序编制及调试等过程。

知识内容

随着科技的发展,越来越多的可燃性气体作为能源应用于工业生产和人们的日常生活中。但是可燃性气体在给我们带来极大便利的同时,也存在巨大隐患,如图6.31所示。家用煤气在使用和储存过程中会因各种原因发生泄漏,煤气的主要成分是可燃气甲烷和一氧化碳,遇到明火会发生燃烧甚至爆炸。如果在煤气泄漏时打电话、使用家用电器,可燃气遇到电火花就可能发生爆炸事故。甲烷的不完全燃烧可能会生成一氧化碳,人体吸入有毒气体一氧化碳后,一氧化碳将会迅速与血液中的红细胞结合导致人中毒昏迷,如果长时间吸入泄漏的煤气甚至会发生中毒死亡。为了减少这类事故的发生,就必须对厨房内一

图6.31 厨房隐患

氧化碳等可燃气体进行现场实时检测,采用先进可靠的安全检测报警装置,严密监测环境中这些气体的浓度,及早发现事故隐患,采取有效措施,避免事故发生,才能确保工业安全和家庭生活安全。因此,研究可燃性气体的检测方法与研制可燃性气体报警器就成为传感器技术发展领域的一个重要课题。

面对这些现象,凯峰机器人制造有限公司决定研发一台面向家庭厨房的协作机器人,机器人应该具备以下功能:

①协作机器人能够敏感地感知到有害气体;

②能够感知到火焰;

③能够关闭煤气罐。

凯峰机器人制造有限公司委托你们团队来进行此项研究,包括对机器人的硬件组装,软件编程和系统调试的工作,最后要把全套的操作手册交付给甲方,本次任务需要在一天内完成。

6.3.1 明确工作任务

阅读工作任务联系单(表 6.13),根据实际情况补充完整。

表 6.13 工作任务联系单(参考模板)

改造单位基本信息	任务负责人信息	姓名		部门及职务	
		办公电话		传真	
		手机		E-mail	
客户基本信息	联系人信息	姓名		部门及职务	
		办公电话		传真	
		手机		E-mail	
建设目标以及进度安排	总建设目标: Taskor 机械臂在感知到危险气体或火焰后,立即执行关闭煤气罐动作,具体的实施过程如下: 1. 任务描述; 2. 任务技术资料准备; 3. 对 Taskor 机械臂的配套传感器参数进行核对; 4. 调试时以文档为参考,根据设备现场实际进行调试; 5. 要根据任务要求进行程序编写与调试; 6. 填写设备检测记录表; 7. 检测记录表、程序及操作手册交予用户使用; 8. 任务实施总用时:1 天。				
验收任务	工作人员工作态度是否端正:是□ 否□ 本次程序是否已解决问题:是□ 否□ 是否按时完成:是□ 否□ 客户评价:非常满意□ 基本满意□ 不满意□ 客户意见或建议:_____ <div align="right">客户签字:</div>				

6.3.2 获取信息

1.气体传感器

（1）气体传感器的定义。

气体传感器是一种将气体体积分数转化成对应电信号的转换器。探测头可以通过气体传感器对气体的样品进行处理分解，包括滤除杂质和干扰气体、干燥或制冷处理、样品抽吸，甚至对样品进行化学处理，以便化学传感器进行更快速的测量，最终会将气体的成分、浓度等信息转换成可以被人员、仪器仪表、计算机等利用的信息。气体传感器包括滤除杂质和干扰气体、干燥或制冷处理仪表显示等部分。气体传感器一般被归为化学传感器的一类，如图 6.32 所示。

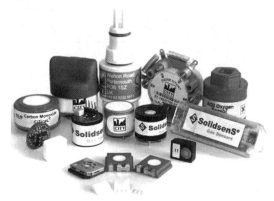

图 6.32　各式各样的气体传感器

（2）气体传感器分类及用途。

传感器按工作原理大体可分为化学型、物理型及生物型。

上面说过，气体传感器属于化学传感器一类，那么什么是化学传感器呢？化学传感器就是将规定的化学量按一定规律转换为可检测信号的传感器。化学传感器是集合了电子科学、化学科学和材料科学于一体的传感器。

化学传感器包括两部分，一部分是具有对待测化学物质的形状或分子结构选择性俘获的功能，称为识别系统；另一部分具有可将俘获的化学量有效地转换为电信号的功能，称为传导系统。

气体传感器通常是以气敏特性来分类的，主要有半导体传感器（半导体传感器又分为电阻型和非电阻型两种），绝缘体传感器（又分为触燃烧式和电容式两种），电化学传感器（又分为恒电位电解式和伽伐尼电池式两种），此外还有红外吸收型、石英振荡型、光纤型、热传导型、声表面波型和气体色谱法等，如图 6.33 所示。

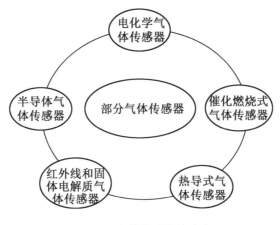

图6.33 气体传感器的分类

气体传感器主要应用于三大领域:民用领域、工业领域和环境监测领域。

民用领域主要使用在:厨房(监测燃气的泄露);住房、大楼、会议室和公共场所(监测控制空气净化器或电风扇的自动运转);在一些高层建筑中,用以监测火灾火苗并报警。

工业领域主要使用在石化工业上,可以监测二氧化碳、氮气、氯气等有害气体;也可以检测半导体和微电子工业的剧毒气体;还可以在电力工业、食品行业中,检测物质是否变质,等等。

环境监测领域也离不开气体传感器,如用来检测氮的氧化物、硫的氧化物、氯化氢等引起酸雨的气体;检测温室效应,等等,应用非常广泛,如图6.34所示。

图6.34 气体传感器的部分应用领域

(3)气体传感器的特性。

气体传感器的基本特征包括灵敏度、选择性、稳定性、抗腐蚀性等。这几项指标可以通过材料的选择来确定,选择适当的材料和开发新材料,可以使气体传感器的敏感特性达到最优。

①灵敏度指的是传感器输出变化量与被测输入变化量的比值,目前大多数的气体传感器的设计原理采用生物化学、电化学、物理和光学技术。

②选择性称为交叉灵敏度,可以通过测量由某一种浓度的干扰气体所产生的传感器响应来确定这个指标。传感器响应这种特性在追踪多种气体的应用中是非常重要的,因为交叉灵敏度会降低测量的重复性和可靠性,理想的传感器应具有高灵敏度和高选择性。

③稳定性是指传感器在整个工作时间内基本响应的稳定程度。这个指标取决于零点漂移和区间漂移。零点漂移是指在没有目标气体时,整个工作时间内传感器输出响应的变化;区间漂移指传感器连续置于目标气体中的输出响应变化,表现为传感器输出信号在工作时间内的降低。理想情况下,一个传感器在连续工作条件下,每年零点漂移小于10%。

④抗腐蚀性是指传感器暴露于高体积分数目标气体中的能力,在气体大量泄漏时,探头应能够承受期望气体体积分数的10~20倍。在返回正常工作条件下,传感器漂移和零点校正值应尽可能小。

2.火焰传感器

火焰传感器是机器人专门用来搜寻火源的传感器,当然火焰传感器也可以用来检测光线的亮度,只是其对火焰特别灵敏。火焰传感器利用红外线对火焰非常敏感的特点,使用特制的红外线接收管来检测火焰,然后把火焰的亮度转化为高、低变化的电平信号,输入到中央处理器中,中央处理器根据信号的变化做出相应的程序处理。火焰传感器实物如图6.35所示。

图6.35 火焰传感器

功能用途:远红外火焰传感器可以用来探测火源或其他一些波长在700~1 000 nm范围内的热源。在机器人比赛中,远红外火焰探头起着非常重要的作用,它作为机器人的眼睛来寻找火源或足球。利用它可以制作灭火机器人、足球机器人等。

原理介绍:远红外火焰传感器能够探测到波长在700~1 000 nm范围内的红外光,探测角度为60°,其中红外光波长在880 nm左右时,其灵敏度达到最大。远红外火焰探头将外界红外光的强弱变化转化为电流的变化,通过A/D转换器反映为0~255范围内数值的变化。外界红外光越强,数值越小;红外光越弱,数值越大。

远红外火焰传感器的安装,注意以下几点。

(1)将机器人上光敏传感器取下,然后将远红外火焰传感器直接接在光敏接口上。

(2)远红外火焰传感器的插针是有极性的,安装时将红线接在主板上画有"+"的位置;如在使用时无反应,只要将传感器反插即可。

(3)在图形化编程时,直接用"亮度检测模块"控制;在代码框编程时,使用函数photo(1)和photo(2)检测。

(4)远红外火焰探头的工作温度为-25~85 ℃,在使用过程中应注意火焰探头离火焰的距离不能太近,以免造成损坏。

思考与拓展

1.气体传感器应用于哪些领域?

2.气体传感器有哪些特性?

3.简述火焰传感器工作原理。

6.3.3　制订工作计划

根据实际情况补充工作计划表(表6.14)。

表6.14　工作计划表(参考模板)

序号	工作阶段/步骤	准备清单 机器/工具/辅助工具	工作安全	工作质量 环境保护	计划	实际
任务:基于刺激性气体、火焰传感器的应用					工作时间	
1	核对元器件型号	产品技术手册	避免触电、挤压危险	未明功能区域 不要擅自使用		
2	各模块通信	通信线		数据传输 电缆应轻拔轻插		
3	传感器调试	螺丝刀		设备按键应轻按		
4	程序编写	计算机				
5	程序调试	计算机、协作机器人				
6	编写任务资料、程序注释、存档	计算机				

日期:　　　培训教师:　　　　　日期:　　　　　受训人:

6.3.4　现场施工

1.硬件组装

依据清单来核对材料,材料清单见表6.15所列。

表 6.15　材料清单

名称	数量	样式
Taskor 协作机器人	1 台	
气体传感器	1 个	
火焰传感器	1 个	
通信线	1 条	
适配器	1 条	

参考安装步骤如下：

（1）在生产线上固定一台协作机器人，如图6.36所示；

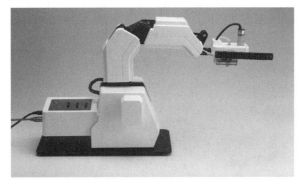

图6.36　安装一台 Taskor 机械臂

（2）在机器人末端执行器安装刺激性气体传感器，如图6.37所示；

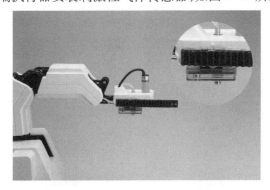

图6.37　安装刺激性气味传感器

（3）在机器人末端执行器安装火焰传感器，如图6.38所示；

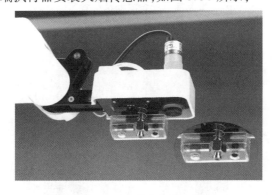

图6.38　安装火焰传感器

（4）在机器人末端执行器安装3D齿条，如图6.3所示。

2. 软件编写过程

（1）机器人检测煤气是否泄漏或者是否感知到火焰，如果有则进入下面判断流程，否则继续执行当前步骤，如图 6.40 所示。

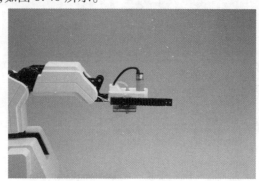

图 6.39　安装 3D 齿条

(a)模拟煤气泄漏　　　　　(b)模拟煤气着火

图 6.40　检测煤气是否泄漏及是否知感到火焰

（2）机器人关闭煤气罐，如图 6.41 所示。

(a)开始关闭煤气瓶　　　　　(b)已关闭煤气瓶

图 6.41　机器人关闭煤气罐

（3）机器人复位回到第一步，如图6.42所示。

(a)关闭煤气瓶开始复位

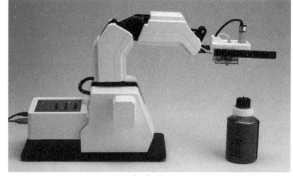

(b)复位完成

图6.42 机器人复位

3. 调试过程

调试机器人关闭煤气罐动作，如图6.43所示。

(a)开始关闭煤气瓶   (b)已关闭煤气瓶

图6.43 调试机械人关闭煤气罐动作

注意事项：

（1）在老师的指导下进行设备台的动作调试；

（2）系统通电后，需保证 Taskor 机械臂运动范围内无阻挡；

（3）系统操作前，确保传感器或相关模块可以正常使用；

（4）系统运动中，不要人为干扰系统的传感器信号，否则系统可能会出现异常；

（5）系统运动异常时，要及时关闭电源开关，查找问题原因；

（6）调试完成后，存档保存程序。

6.3.5 验收、总结与评价

1. 项目验收

任务验收阶段，需与客户沟通，指定任务功能验证表见表6.16所列。

表 6.16　任务功能验证表（参考模板）

序号	需求内容	验证步骤	验证结果	是否通过
1				
2				
3				
4				
5				
6				
7				
8				
9				

任务需求功能已通过。

客户签字：

年　　月　　日

在验收工程中，向客户一一验证任务功能，确认没有问题后，在验证表上签字。

2. 任务文档验收

在任务功能测试没有问题后，需将所有任务涉及文档进行检查核对及整理打包，最后转交给客户（教师根据学生提交的文档判断是否齐全），运转维护资料表见表 6.17 所列。

表 6.17　运转维护资料表（参考模板）

任务资料	是否齐全	
程序电子文档	□是	□否
程序注释	□是	□否
工作任务联系单	□是	□否
工作计划表	□是	□否
操作手册	□是	□否
任务功能验收单	□是	□否
整体打包插入附件		

3. 任务学习总结

以小组为单位，选择演示文稿、展板、海报、录像等形式中的一种或几种，向全班展示、汇报学习成果。

4. 综合评价

根据实际情况,由老师对学生的工作过程进行评价,并填写评价表(表6.18)。

表6.18　评价表(参考模板)

评价项目	评价内容	评价标准	评价分数
职业素养	安全意识、责任意识(10分)	A. 作风严谨、自觉遵章守纪、出色完成任务(9~10分) B. 能够遵守规章制度、较好完成工作任务(7~8分) C. 遵守规章制度、没完成工作任务或完成工作任务、但忽视规章制度(6~5分) D. 不遵守规章制度、没完成工作任务(0~6分)	
	学习态度(10分)	A. 积极参与教学活动,全勤(9~10分) B. 缺勤达本任务总学时的10%(7~8分) C. 缺勤达本任务总学时的20%(6~7分) D. 缺勤达本任务总学时的30%(0~6分)	
	团队合作意识(10分)	A. 与同学协作融洽、团队合作意识强(9~10分) B. 与同学能沟通、协同工作能力较强(7~8分) C. 与同学能沟通、协同工作能力一般(6~7分) D. 与同学沟通困难、协同工作能力较差(0~6分)	
专业能力	学习活动1 获取任务 (20分)	A. 按时、完整地完成工作页,问题回答正确(18~20分) B. 按时、完整地完成工作页,问题回答基本正确(14~18分) C. 未能按时完成工作页,内容遗漏、错误较多(10~14分) D. 未完成工作页(0~10分)	
专业能力	学习活动2 工作前准备 (20分)	A. 学习活动评价成绩为18~20分 B. 学习活动评价成绩为14~18分 C. 学习活动评价成绩为10~14分 D. 学习活动评价成绩为0~10分	
	学习活动3 任务实施 (20分)	A. 学习活动评价成绩为18~20分 B. 学习活动评价成绩为14~18分 C. 学习活动评价成绩为10~14分 D. 学习活动评价成绩为0~10分	
学习成果	功能(10分)	A. 实现全部功能(9~10分) B. 实现一半以上功能(7~8分) C. 实现少部分功能(6~7分) D. 没实现任何功能(0~6分)	

续表6.18

创新能力	学习过程中提出具有创新性、可行性的建议		加分奖励：
班级		学号	
姓名		综合评价分数	

评语：

指导教师		日期	

6.4　会质检的机器人——基于摄像头、光敏传感器的应用

 学习目标

1. 能通过阅读工作任务联系单明确工作任务要求。

2. 能了解摄像头、光敏传感器的型号、分类及各项参数并掌握其的工作原理。

3. 能在遵守协作机器人安全操作规则的前提下，根据任务要求编制程序并在设备上进行调试。

4. 能正确填写检测验收记录表。

5. 能熟练梳理任务工作流程，包括对机器人的调试、程序编制及调试等过程。

工作任务描述

纳华屏幕制造有限公司是一家屏幕生产制作厂家，随着科技生活的不断发展，显示屏幕的应用和种类也越来越多样化。例如，液晶显示屏幕、计算机显示屏幕、电视显示屏幕等，各种显示屏幕都是日常生活中必不可少的电子器械。因而显示屏幕的生产和检测尤为重要，且对显示屏幕是否存在漏光或者是其他缺陷的检测是显示屏幕检测必不可少的步骤。由于显示屏需要检测的项目较多，包括物理变形或损伤检测，以及显示模组检测，其中显示模组的检测项目较多，包括黑点、亮点缺陷，线缺陷，边缘漏光，显示均匀度检测和色差检测等。传统的显示屏幕检测设备通常采用将显示屏幕打亮，然后人工进行区分的办法，这样不仅工作的效率低，同时打亮曝光的显示屏幕也会对人体本身造成伤害。

为此纳华屏幕制造有限公司的技术人员进行了多方研究，提出了多种自动化检测方案，主要有多单元多流水线检测，在这种方案中，每个单元检测一个项目，造成流水线较

长,显示屏传输距离长,效率低;如果增加检测项目的话,需要重新对流水线进行布设,大大增加了检测成本。另一种方案是采用神经网络进行识别,需要对神经网络进行训练,由于训练集一般采用已有的图片进行,因此显示器型号发生变化或新增加检测项目时,需要重新进行训练,成本比较高,对技术人员的要求也比较高。目前在手机屏幕检测中较常用,在显示器检测中比较少。如何设计轻量级的检测网络,也是难点之一。还有第三种方案就是将现有的质检员工替换为机器人。综合考虑后,工厂决定使用最后一种方案,考虑工业机器人的成本,现在工厂决定使用更为轻量化的协作机器人。

通过与纳华屏幕制造有限公司的沟通,本次的升级改造,是要由协作机器人来代替部分人工劳动力。整体功能要求如下:

(1)通过摄像头识别屏幕瑕疵;

(2)末端执行器能够拾起屏幕;

(3)末端执行器能点击按钮。

现纳华屏幕制造有限公司委托你们团队来进行此项升级改造,包括对机器人的硬件组装,软件编程和系统调试的工作,最后要把全套的操作手册交付给甲方,本次任务需要在两天内完成。屏幕生产车间实况如图6.44所示。

图 6.44 屏幕生产车间实况

6.4.1 明确工作任务

阅读工作任务联系单(表6.19),根据实际情况补充完整。

表 6.19 工作任务联系单(参考模板)

改造单位基本信息	任务负责人信息	姓名		部门及职务	
		办公电话		传真	
		手机		E-mail	

续表 6.19

客户基本 信息	联系人 信息	姓名		部门及职务	
		办公电话		传真	
		手机		E-mail	

建设目标 以及进度 安排	总建设目标: 　　Taskor 机械臂在加工材料传送过来后,通过摄像头识别屏幕,当屏幕达到要求后,给予通过,如果屏幕不合格 Taskor 机械臂拾起屏幕放到回收区。具体的实施过程如下: 　　1.任务描述; 　　2.任务技术资料准备; 　　3.对 Taskor 机械臂的配套传感器参数进行核对; 　　4.调试时以文档为参考,以实际为标准进行调试; 　　5.要根据任务要求进行程序编写与调试; 　　6.填写设备检测记录表; 　　7.检测记录表、程序及操作手册交予用户使用; 　　8.任务实施总用时:2 天。
验收任务	工作人员工作态度是否端正:是□　否□ 本次程序是否已解决问题:是□　否□ 是否按时完成:是□　否□ 客户评价:非常满意□　基本满意□　不满意□ 客户意见或建议:_____ 　　　　　　　　　　　　　　　　　　　客户签字:

6.4.2　获取信息

1.摄像头

(1)机器视觉基础。

机器视觉就是指用机器来代替人眼,对操作对象做出测量和判断。通常也指通过机器视觉的产品将被摄取对象的目标转换成可视图像信号,把这个信号传送给专用的图像处理系统,处理系统会根据像素的分布以及亮度、颜色等信息,转化成数字信号;图像系统对这些信号进行相应的运算来提取目标的特征,进而可以根据判别的结果来控制现场的设备动作。

一个典型的工业机器视觉系统包括:光源、镜头、相机(包括 CCD 相机和 COMS 相机)、图像处理单元、图像处理软件、监视器、通信、输入/输出单元等,如图 6.45 所示,图中:

①相机与镜头:成像器件,通常的视觉系统是由一套或多套成像系统组成。

②光源:辅助成像器件,可以直接影响输入数据的质量和应用效果。

③传感器:判断被测对象的位置和状态,告知图像传感器进行正确的采集。

④图像采集卡:把相机输出的图像输送给计算机主机。

⑤PC 平台:PC 视觉系统的核心就是计算机。

⑥视觉处理软件:用来完成输入图像数据的处理,然后通过一定的运算得出结果。

⑦控制单元:包含 I/O、运动控制和电平转化单元等。

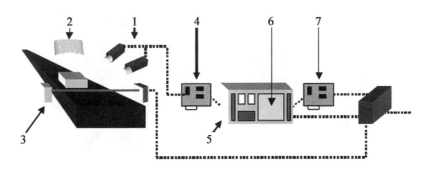

图 6.45　基于 PC 的视觉系统基本组成

(2)摄像头的结构与发展。

摄像头主要是由镜头、图像传感器、预中放电路、AGC、A/D、同步信号发生器、CCD 驱动器、图像信号形成电路、D/A 转换电路和电源的电路等构成的。其中,摄像头的核心部件是图像传感器,图像传感器又分为 CCD 传感器和 CMOS 传感器。如今摄像头在各个科学领域的使用都非常广泛,具有举足轻重的地位。

一台摄像头最核心的部位是镜头和图像传感器。

①镜头(LENS)是由几片透镜组成的,透镜结构有塑胶透镜和玻璃透镜。摄像头的镜片有玻璃镜片和塑料镜片。玻璃材质的比塑料材质的镜头获取的影像更清晰。有些镜头还采用了多层光学镀膜技术,可以有效减少光的折射还能过滤掉杂波,提高通光率,从而获得更清晰的影像。

②图像传感器可以分为 CCD 电荷耦合器件和互补金属氧化物半导体(complementary metal oxide semiconductor,CMOS)。

CCD 的优点是灵敏度高、噪声小、信噪比大,但是其生产工艺复杂、成本高、功耗高。CMOS 的优点是集成度高、功耗低、成本低,但是其噪声比较大、灵敏度较低、对光源要求高。在相同像素下 CCD 的成像往往通透性、明锐度都很好,色彩还原、曝光可以保证基本准确。而 CMOS 的产品往往通透性一般,对实物的色彩还原能力偏弱,曝光也不太好。不同类型的镜头如图 6.46 所示。

(3)摄像头的工作原理。

通过被摄物体反射的光线,传播到镜头上,经镜头聚焦到 CCD 芯片上,CCD 再根据光的强弱积聚相应的电荷,经周期性放电,产生表示一幅幅画面的电信号,经过预中放电路放大、AGC 自动增益控制,由于图像处理芯片处理的是数字信号,所以经 A/D 转换器转换到图像数字信号处理 IC(DSP)。同步信号发生器主要产生同步时钟信号,这个步骤是由晶体振荡电路完成的,这时会产生垂直和水平的扫描驱动信号,信号到图像处理 IC,随后经 D/A 转换电路通过输出端子输出一个标准的复合视频信号。这个标准的视频信号同家用的录像机、VCD 机、家用摄像机的视频输出是一样的,如图 6.47 所示。

图 6.46　不同类型镜头

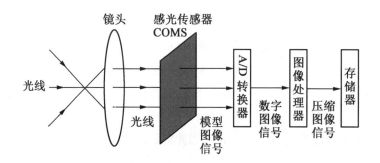

图 6.47　摄像头成像原理

2. 光敏传感器

(1)光敏传感器的分类与用途。

根据传感器的工作原理不同,可以把传感器分为物理传感器和化学传感器。光敏传感器是物理传感器中最常见的传感器,它种类繁多,有光电管、光电倍增管、光敏电阻、光敏三极管、太阳能电池、红外传感器、紫外传感器、光纤式光电传感器、色彩传感器、CCD 和 CMOS 图像传感器等。

光敏传感器的敏感波长在可见光波长附近,包含了红外线波长和紫外线波长。光敏传感器不只用于对光的探测,还可以作为探测元件来组构成其他传感器,检测许多非电量的时候只要将这些非电量转换为光信号的变化即可。光敏传感器产量多、应用广,在自动控制和非电量电测技术中占有非常重要的地位。

(2)光敏传感器的结构与原理。

光敏传感器内部有一个高精度的光电管,光电管内有一块由"针式二极管"组成的小平板,当向光电管两端施加一个反向的固定电压时,任何光照对它的冲击都将导致其释放出电子。此时光照强度越高,光电管内的电流就越大,当电流通过电阻时,电阻两端的电压就会被转换成可被采集器和 D/A 转换器接收的 0～5 V 电压,然后保存采集结果。所以说,光敏传感器就是利用光敏电阻受光线强度影响而改变阻值的原理发送光线强度的模拟信号,它的原理是基于内光电效应,如图 6.48 所示。

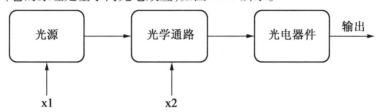

图 6.48 光敏传感器工作原理

思考与拓展

1. 简述摄像头的成像原理。

2. 典型的工业机器人视觉系统由哪几部分组成。

3. 简述光敏传感器原理。

6.4.3 制订工作计划

根据实际情况补充工作计划表(表 6.20)。

表 6.20 工作计划表(参考模板)

任务:PLC 控制步进电机运转				工作时间	
序号	工作阶段/步骤	准备清单 机器/工具/辅助工具	工作安全	工作质量 环境保护	计划	实际
1	核对元器件型号	产品技术手册		未明功能区域 不要擅自使用		
2	各模块通信	通信线		数据传输 电缆应轻拔轻插		
3	传感器调试	螺丝刀	避免触电、 挤压危险			
4	程序编写	电脑				
5	程序调试	电脑,协作机器人		设备按键应轻按		
6	编写任务资料、 程序注释、存档	电脑				

日期: 培训教师: 日期: 受训人:

6.4.4 现场施工

1.硬件组装

依据清单来核对材料,材料清单见表 6.21 所列。

表 6.21 材料清单

名称	数量	样式
Taskor 机械臂	1 台	
摄像头	1 个	
光敏传感器	1 个	
通信线	1 条	

续表6.21

名称	数量	样式
适配器	1条	

参考安装步骤如下:

(1)在生产线上固定一台协作机器人和摄像头,如图6.49所示;

(2)固定生产线光源,确保光线的亮度恒定即可;

(3)在协作机器人末端安装光敏传感器(图6.50),用于检测屏幕到达摄像头正下方时停止传送带。

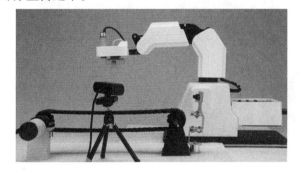

图6.49　安装一台协作机器人

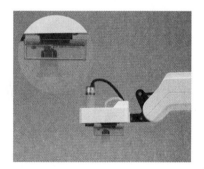

图6.50　光敏传感器的安装

2. 软件编写过程

(1)机器人通过摄像头识别出不合格的屏幕,识别步骤如下:

①图像采集过程,如图6.51所示;

②进行颜色识别,如图6.52所示;

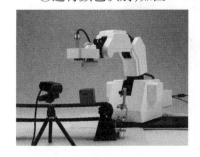

图6.51　摄像头识别物块

图6.52　摄像头识别物块的颜色

③用一张经过人工检验正常屏幕做模板,取出其二值图面积信息,如图 6.53 所示;

图 6.53　物块信息处理

④识别出产线上屏幕的二值图信息对比模板信息,设定误差范围,超过范围视为故障屏幕,如图 6.54 所示。

图 6.54　判断物块信息

(2)如果屏幕有问题,则按照以下步骤操作:

①控制机器人末端执行器到屏幕上方,如图 6.55 所示;

图 6.55　准备拾取物块

②开启末端吸盘,吸起屏幕,如图 6.56 所示;

③将屏幕搬运到回收区,完成不合格屏幕检测,如图 6.57 所示。

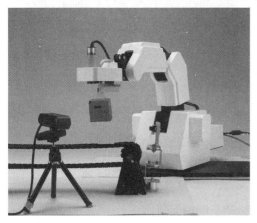

图 6.56 拾起物块

图 6.57 将物块运送到回收区

(3)如果屏幕没有问题,则按照以下步骤操作:

①控制末端吸盘,吸起屏幕并运送至合格区放置,如图 6.58 所示;

②机器人复位回到第一步。

3.调试过程

(1)调试机器人拾取屏幕放入回收区,如图 6.59、6.60 所示。

图 6.58 将物品放置到合格区

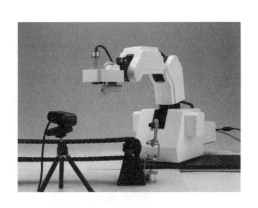

图 6.59 完成搬运后复位

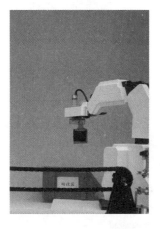

图 6.60 调试物块回收区

(2)调试视觉识别屏幕颜色阈值,如图 6.61 所示。

图6.61 调试摄像头识别物块

注意事项:

(1)在老师的指导下进行设备台的动作调试;

(2)系统通电后,需保证Taskor机械臂运动范围内无阻挡;

(3)系统操作前,确保传感器或相关模块可以正常使用;

(4)系统运动中,不要人为干扰系统的传感器信号,否则系统可能会出现异常;

(5)系统运动异常时,要及时关闭电源开关,查找问题原因;

(6)调试完成后,存档保存程序。

6.4.5 验收、总结与评价

1. 项目验收

任务验收阶段,需与客户沟通,任务功能验证表见表6.22所列。

表6.22 任务功能验证表(参考模板)

序号	需求内容	验证步骤	验证结果	是否通过
1				
2				
3				
4				
5				
6				
7				
8				
9				

任务需求功能已通过。

客户签字:

年　　月　　日

在验收工程中,向客户一一验证任务功能,确认没有问题后,在验证表上签字。

2. 任务文档验收

在任务功能测试没有问题后,需将所有任务涉及文档进行检查核对及整理打包,最后转交给客户(教师根据学生提交的文档判断是否齐全),运转维护资料表见表6.23所列。

表6.23 转运维护资料表(参考模板)

任务资料	是否齐全
程序电子文档	□是　□否
程序注释	□是　□否
工作任务联系单	□是　□否
工作计划表	□是　□否
操作手册	□是　□否
任务功能验收单	□是　□否
整体打包插入附件	

3. 任务学习总结

以小组为单位,选择演示文稿、展板、海报、录像等形式中的一种或几种,向全班展示、汇报学习成果。

4. 综合评价

根据实际情况,由老师对学生的工作过程进行评价,并填写表6.24。

表6.24 评价表(参考模板)

评价项目	评价内容	评价标准	评价分数
职业素养	安全意识、责任意识(10分)	A. 作风严谨、自觉遵章守纪、出色完成任务(9~10分) B. 能够遵守规章制度、较好完成工作任务(7~8分) C. 遵守规章制度、没完成工作任务或完成工作任务、但忽视规章制度(6~5分) D. 不遵守规章制度、没完成工作任务(0~6分)	
	学习态度(10分)	A. 积极参与教学活动,全勤(9~10分) B. 缺勤达本任务总学时的10%(7~8分) C. 缺勤达本任务总学时的20%(6~7分) D. 缺勤达本任务总学时的30%(0~6分)	

表 6.24(续)

评价项目	评价内容	评价标准	评价分数
	团队合作意识(10分)	A. 与同学协作融洽、团队合作意识强(9~10分) B. 与同学能沟通、协同工作能力较强(7~8分) C. 与同学能沟通、协同工作能力一般(6~7分) D. 与同学沟通困难、协同工作能力较差(0~6分)	
专业能力	学习活动1 获取任务 (20分)	A. 按时、完整地完成工作页,问题回答正确(18~20分) B. 按时、完整地完成工作页,问题回答基本正确(14~18分) C. 未能按时完成工作页,内容遗漏、错误较多(10~14分) D. 未完成工作页(0~10分)	
专业能力	学习活动2 工作前准备 (20分)	A. 学习活动评价成绩为18~20分 B. 学习活动评价成绩为14~18分 C. 学习活动评价成绩为10~14分 D. 学习活动评价成绩为0~10分	
	学习活动3 任务实施 (20分)	A. 学习活动评价成绩为18~20分 B. 学习活动评价成绩为14~18分 C. 学习活动评价成绩为10~14分 D. 学习活动评价成绩为0~10分	
学习成果	功能(10分)	A. 实现全部功能(9~10分) B. 实现一半以上功能(7~8分) C. 实现少部分功能(6~7分) D. 没实现任何功能(0~6分)	
创新能力		学习过程中提出具有创新性、可行性的建议	加分奖励:
班级		学号	
姓名		综合评价分数	

评语:

指导教师		日期	

第7章 机械臂综合应用

7.1 智能制造系统与协作机器人

学习目标

1. 了解智能制造的概念。
2. 了解不同类型智能制造模型的区别。
3. 了解协作机器人在制造场景中的应用。

知识内容

7.1.1 智能制造系统简介

智能制造系统(IMS)是一种现代制造系统,它集成了人、机器和流程的能力,以实现最佳的制造结果。制造系统是指收集输入、排列并将其转换为所需输出的整个过程。IMS 旨在实现制造资源的最佳利用,最大限度地减少浪费并为业务增加价值。

与工业革命的初期相比,现在的制造范围有很大不同。现代生产不仅注重数量或质量,还注重资源的保护和生产的可持续性。通过 IMS,生产商试图跟上不断发展的行业和不断增长的消费者需求。

在传统制造系统中使用智能制造系统意味着为生产过程带来灵活性,分析现有流程及其不足之处,收集有关信息,并利用这些信息制定更好的生产流程。传统制造依赖于操作员的现有知识和经验,而 IMS 要求参与生产过程的人员从过去的生产数据中学习,了解所有生产流程细节,预测生产结果,并找到更好的替代方案。

7.1.2 智能制造系统(IMS)模型

智能制造的概念经过多年的发展,将最新的技术融入生产系统。根据信息技术水平及其与制造系统集成的特性,IMS 可以推广为三种模型,如图 7.1 所示。

1. 数字化制造

数字化制造模型也被称为第一代智能制造,是 IMS 的基础,后续模型都基于 IMS。在 20 世纪 80 年代,生产计划和输出设计开始在计算机上进行,而不是纸质图表和图形。对工厂布局、产品设计、机器使用、劳动力等进行数字化模拟,以形成降低成本、提高产品质

协作机器人基础

量、实现资源优化利用的最佳价值链。由于所有事情都以数字方式完成,因此它减少了制造特定于消费者要求的产品所需的时间。

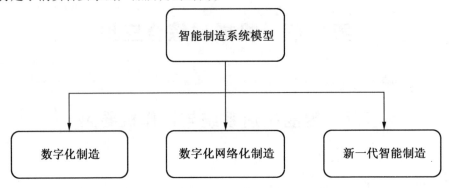

图 7.1　智能制造系统(IMS)的三种模型

2. 数字化网络化制造

数字化网络化制造被称为第二代智能制造,它将互联网整合到计算机化的制造系统中。互联网将各个生产单元的想法、流程和数据连接起来,并允许协作制造。互联网技术实现了不同企业之间的协同研发,连接同行业、企业(横向整合),连接同行业内生产过程不同层次的企业(纵向整合),也连接了用户与企业。用户交互是将生产过程转变为以用户为中心的第一步。

3. 新一代智能制造

人工智能(AI)与数字和网络技术的集成使得 IMS 得到战略性突破。制造过程中人工智能的本质可以彻底改变生产技术并取代对人类思考的需求。人工智能赋予新一代智能制造在无人干预的情况下进行研发和制定新工艺、设计、产品和商业模式的能力。人工智能不仅可以减少生产时间,还可以减少创新和构思的时间。

上述每个模型都不是相互排斥的,相反,它们建立在前一个特征的基础上,每个模型都有其特征,如图 7.2 所示。

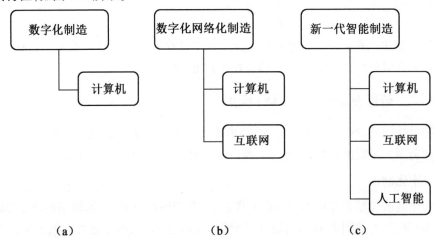

（a）　　　　　　（b）　　　　　　（c）

图 7.2　智能制造系统(IMS)各模型的特征

· 170 ·

7.1.3 协作机器人在智能制造系统中的应用

想到制造工厂中的机器人时,大家可能首先联想到巨大的机械臂,如组装汽车零件的大型机械臂或每隔几分钟填充数百个食品包装的设备。这些被称为工业机器人,它们完全自动化,可以执行泵送、包装、贴标等专业任务。但它们经常被孤立,独自工作或与它们的机器人同伴一起工作。这是因为它们以快速的速度运行,这可能会伤害靠近它们的人类。有时它们被视为对人类工作的威胁。

协作机器人是专门为与人类合作而创建的人工智能驱动的机器。下面是协作机器人在制造业中应用的一些示例。

①拣货、放置和包装,拣选和包装货物是一项容易出现人为错误的任务,有时甚至会造成伤害。协作:机器人可以在不犯错误的情况下完成这些任务,从而为公司提供更快的交货时间,并减少由于包装错误而导致的客户退货要求。

②质量控制:协作式机器人还可以配备特殊的摄像头和软件,以检测和报告产品的缺陷。人们对机器人检测的商品质量水平更有信心。

除了安全性之外,在生产车间安装协作机器人还有以下优势:

①设置起来轻而易举。与工业级机器人不同,协作机器人通常紧凑且易于操作,设置它们几乎不需要编程经验。因此,培训员工使用和它们给编程轻而易举。一些公司甚至在短短几周内就部署了功能齐全的协作机器人。相比之下,工业机器人需要专家定制方案并需要几个月的时间来设置以供日常使用。

②多才多艺。协作机器人可承担不同类型的任务,只要有合适的末端执行器,就可以对包装机器人进行编程,使其在几分钟内完成贴标、检查等工作,有些协作机器人甚至可以移动,可以轻松地将它们转移到另一个站点,它们的操作比工业机器人更简单。

③协作机器人可以轻松接管员工的重复性手工工作。工人不仅可以自由地从事更多创造性的任务,而且还可以减少工伤病假天数。

总而言之,协作机器人在制造业中呈现出乐观的未来。协作机器人的诞生表明,人工智能和自动化并不是为了取代人类的工作而出现的,它们与员工合作,可以更快、更精确地创造产品。它们还利用智能技术,通过可下载的应用程序,使几乎没有编程经验的人只需从平板电脑或智能手机上点击几下,即可轻松为他们的机器人开发一组命令。一些单元也具有极强的移动性,可以适应不同类型的任务,随着行业价值的持续上升,协作机器人可能成为每个生产车间不可或缺的一员。

思考与拓展

1. 智能制造系统的定义是什么?
2. 智能制造系统的三类模型分别是什么?
3. 协作机器人的典型应用特点是什么?

7.2　会分拣的机器人——分拣工作站的设计与实现

学习目标

1.能通过阅读工作任务联系单明确工作任务要求;

2.能了解何为分拣任务实际意义;

3.能在遵守机器人安全操作规则的前提下,根据任务要求编制程序并在设备上进行调试;

4.能正确填写检测验收记录表;

5.能熟练梳理任务工作流程,包括对机器人的调试、程序编制及调试等过程。

知识内容

纳华分拣有限公司是一家专门分拣垃圾的公司,该公司主要是靠人工进行分拣。自2020 年开始,各地区封闭式管理导致公司的大批员工无法上岗工作,使得大批垃圾无法进行分拣便进行了处理。导致环境污染持续加重。

为此公司急需一种可靠性好、自动化程度高的机器人进行垃圾分类,经过多方的研究,公司提出了多个自动化检测方案,主要有多单元多流水线检测,在这种方案中,每个单元检测一个项目,造成流水线比较长,在垃圾桶移动时难免会出现打翻的情况,所以容易造成机械损坏并且还要进行定时清理,这大大提高了机器所使用的成本。另一种是采用神经网络进行识别,需要对神经网络进行训练。由于训练集一般采用已有的图片进行,如何设计轻量级的检测网络是难点之一。第三种就是将现有的分拣员工替换为机器人。综合考虑后,工厂决定使用最后一种方案,考虑工业机器人的成本,现在工厂决定使用更为轻量化的协作机器人。

通过与纳华分拣限公司的沟通,本次的升级改造是要由协作机器人来代替部分人工劳动力。整体功能要求如下:

(1)通过摄像头识别垃圾颜色;

(2)末端执行器能够拾起垃圾;

(3)协作机器人需要按要求分拣垃圾。

由你们团队来负责此项目,包括对机器人的硬件组装,软件编程和系统调试的工作,最后提交全套的技术资料,本次任务需要在两天内完成。垃圾分类分拣场景示意图如图 7.3 所示。

图 7.3 分拣场景示意图

7.2.1 明确工作任务

阅读工作任务联系单(表 7.1),根据实际情况补充完整。

表 7.1 工作任务联系单(参考模板)

改造单位基本信息	任务负责人信息	姓名		部门及职务	
		办公电话		传真	
		手机		E-mail	
客户基本信息	联系人信息	姓名		部门及职务	
		办公电话		传真	
		手机		E-mail	
建设目标以及进度安排	总建设目标: 　　Taskor 机械臂通过摄像头识别垃圾桶是否存在,当 Taskor 机械臂识别到垃圾在相应的区域时便开始对垃圾进行分拣。红色垃圾桶位于有害垃圾区域,黄色垃圾桶位于医疗垃圾区域,蓝色垃圾桶位于可回收垃圾区域。具体的实施过程如下: 　　1. 任务描述; 　　2. 任务技术资料准备; 　　3. 对 Taskor 机械臂的配套传感器参数进行核对; 　　4. 调试时以本章节调试部分为参考,根据设备现场实际进行调试; 　　5. 要根据任务要求进行程序编写与调试; 　　6. 填写设备检测记录表; 　　7. 检测记录表、程序及操作手册交予用户使用; 　　8. 任务实施总用时:2 天。				

验收任务	工作人员工作态度是否端正:是□　否□
	本次程序是否已解决问题:是□　否□
	是否按时完成:是□　否□
	客户评价:非常满意□　基本满意□　不满意□
	客户意见或建议:＿＿＿＿＿＿＿＿＿＿＿＿＿＿＿＿＿＿＿＿
	客户签字:

7.2.2　获取信息

根据实际情况补充工作计划表(表7.2)。

表7.2　工作计划表(参考模板)

任务:					工作时间	
序号	工作阶段/步骤	准备清单 机器/工具/辅助工具	工作安全	工作质量 环境保护	计划	实际
1						
2						
3						
4						
5						
6						

日期:　　　　培训教师:　　　　日期:　　　　受训人:

7.2.3　现场施工

1. 硬件组装

依据清单来核对材料,设备材料清单见表7.3所列。

表 7.3　设备材料清单

名称	数量	样式
Taskor 协作机器人	1 台	
通信线	1 条	
适配器	1 条	
摄像头	1 个	
摄像头大支架	1 个	

续表 7.3

名称	数量	样式
物料	6 块	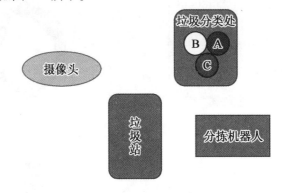

分拣场地布置如图 7.4 所示。

图 7.4　分拣场地布置图

参考实施步骤如下：

（1）在场地中固定一台 Taskor 机械臂以及摄像头，如图 7.5 所示；

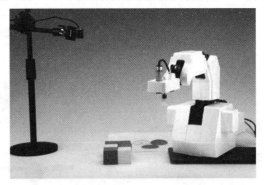

图 7.5　分拣场景布置

（2）垃圾的起始位置，如图 7.6 所示；

（3）三个垃圾桶种类区域，如图 7.7 所示。

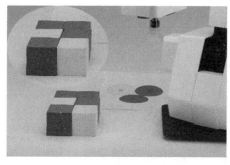

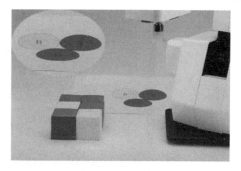

图7.6　工作前场景状态　　　　　　图7.7　不同区域布置

2. 软件编写过程

（1）实时寻找各颜色程序模板如图7.8所示,摄像头检测垃圾颜色如果检测到就进行动作,如图7.8所示;

```
#查看各颜色是否存在
    rr=is_color_exist_in_range(130,180,150,215,120,200)
    print("red",rr)
    bb=is_color_exist_in_range(80,130,150,205,132,172)
    print("blue",bb)
    yy=is_color_exist_in_range(7,47,219,255,200,255)
    print("yellow",yy)
```

图7.8　程序模板(1)

图7.9　实时检测模拟物块

（2）Taskor机械臂启动检测功能,机器人通过摄像头识别出不同颜色的垃圾进行拾取并放置到相应颜色的垃圾桶位置;

①检测蓝色物块程序模板如图7.10所示,并记录位置,如图7.11、7.12、7.13所示;

```
#优先识别并判断是否有蓝色
            if bb==str(True):
#寻找蓝色位置
                blue=get_color_position_in_range(80,130,150,205,120,200)
                ...
#当所找的位置属于自己给定的坐标时便开始进行动作
            if pp>0:
                print(撤取(pp,pppp))
#当寻找到第二个蓝色位置时运行以下动作
                if bbbb==2:
                    ...

#当寻找到第一个蓝色位置时运行以下动作
                if bbbb==1:
```

图 7.10 程序模板(2)

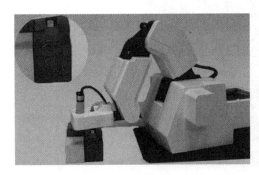

图 7.11 识别蓝色物块

图 7.12 拾取蓝色物块

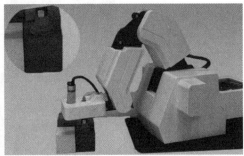

图 7.13 放置蓝色物块

②检测黄色物块程序模板如图 7.14 所示,并记录位置,如图 7.15、7.16、7.17 所示;

```
#当寻找完两个蓝色位置时，方可寻找黄色位置
        if bbbb==3:
#判断是否有黄色
            if yy==str(True):
#寻找黄色位置
                yellow=get_color_position_in_range(7,47,219,255,200,255)
                ...
#当所找的位置属于自己给定的坐标时便开始进行动作
            if pp>0:
                print(搬取(pp,pppp))
#当找到第二个黄色位置时运行以下动作
                if yyyyy==2:
                    ...
#当找到第一个黄色位置时运行以下动作
                if yyyyy==1:
                    ...
```

图 7.14　程序模板(3)

图 7.15　识别黄色物块

图 7.16　拾取黄色物块

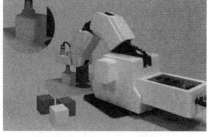

图 7.17　放置黄色物块

③检测红色物块程序模板如图 7.18 所示,并记录位置,如图 7.19、7.20、7.21 所示;

④分拣完成并恢复成原始位置,复位程序模板如图 7.22 所示,复位过程如图 7.23、7.24 所示。

```
#当寻找完两个黄色位置时，方可寻找红色位置
         if yyyy==3:
#判断是否有红色
            if rr==str(True):
#  寻找红色位置
                red=get_color_position_in_range(130,180,150,215,120,200)
                ...
#当所找的位置属于自己给定的坐标之一时便开始进行动作
                if pp>0:
                    print(搬取(pp,pppp))
#  当寻找到第二个红色时进行以下动作
                    if rrrr==2:
                        ...
#当寻找到第一个红色时进行以下动作
                    if rrrr==1:
                        ...
```

图 7.18　程序模板(4)

图 7.19　识别红色物块

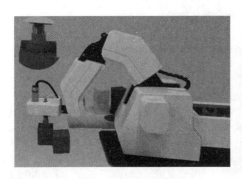

图 7.20　拾取红色物块

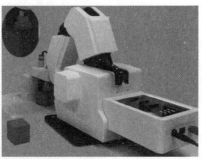

图 7.21　放置红色物块

```
#放置最后一个方块的位置并复位
move_to(20, 124.8, -20)
move_to(20, 124.8, -22.5)
turn_off_sucker()
move_to(20, 160, 136)
move_all_motor(90, 0, 0)
move_motor_to(1, 30)
```

图 7.22　程序模板(5)

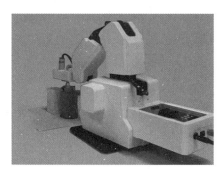

图 7.23　放置结束

图 7.24　完成分拣复位

（3）依照流程图（图7.25）将功能进行组合。

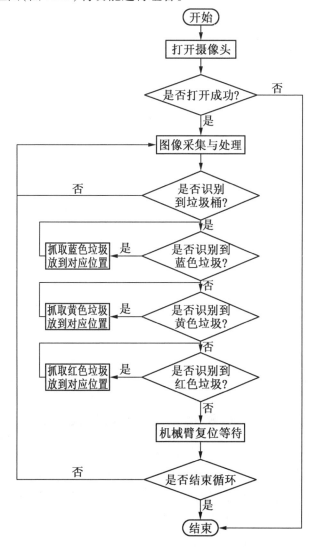

图 7.25　程序流程图

注意事项：

（1）在老师的指导下进行设备的动作调试；

（2）系统通电后，身体的任何部位或障碍物不要进入系统运动可达范围之内；

（3）系统操作前，确保传感器相关模块可以正常使用；

（4）系统运动中，不要人为干扰系统的传感器信号，否则系统可能会工作不正常；

（5）系统运动不正常时，及时按下程序中的"停止"，必要时关闭电源开关，查找问题原因；

（6）调试完成后，存档保存程序。

7.2.4 验收、总结与评价

1. 项目验收

任务验收阶段，需与客户沟通，任务功能验收表见表7.4所列。

表7.4 任务功能验收表（参考模板）

序号	需求内容	验收步骤	验收结果	是否通过
1				
2				
3				
4				
5				
6				
7				
8				

任务需求功能已通过。

客户签字：

年　　月　　日

在验收工程中，向客户一一验收任务功能，确认没有问题后，在验收表上签字。

2. 任务文档验收

在任务功能测试没有问题后，需将所有任务涉及文档进行检查核对及整理打包，最后转交给客户（教师根据学生提交的文档判断是否齐全），运转维护资料表见表7.5所列。

表7.5　转运维护资料表(参考模板)

任务资料	是否齐全	
程序电子文档	□是	□否
程序注释	□是	□否
工作任务联系单	□是	□否
工作计划表	□是	□否
操作手册	□是	□否
任务功能验收单	□是	□否
整体打包插入附件		

3. 任务学习总结

以小组为单位,选择演示文稿、展板、海报、录像等形式中的一种或几种,向全班展示、汇报学习成果。

4. 综合评价

根据实际情况,由老师对学生的工作过程进行评价,并填写表7.6。

表7.6　评价表(参考模板)

评价项目	评价内容	评价标准	评价分数
职业素养	安全意识、责任意识(10分)	A.作风严谨、自觉遵章守纪、出色完成任务(9~10分) B.能够遵守规章制度、较好完成工作任务(7~8分) C.遵守规章制度、没完成工作任务或完成工作任务、但忽视规章制度(6~5分) D.不遵守规章制度、没完成工作任务(0~6分)	
	学习态度(10分)	A.积极参与教学活动,全勤(9~10分) B.缺勤达本任务总学时的10%(7~8分) C.缺勤达本任务总学时的20%(6~7分) D.缺勤达本任务总学时的30%(0~6分)	
	团队合作意识(10分)	A.与同学协作融洽、团队合作意识强(9~10分) B.与同学能沟通、协同工作能力较强(7~8分) C.与同学能沟通、协同工作能力一般(6~7分) D.与同学沟通困难、协同工作能力较差(0~6分)	
专业能力	学习活动1获取任务(20分)	A.按时、完整地完成工作页,问题回答正确(18~20分) B.按时、完整地完成工作页,问题回答基本正确(14~18分) C.未能按时完成工作页,内容遗漏、错误较多(10~14分) D.未完成工作页(0~10分)	

续表7.6

评价项目	评价内容	评价标准	评价分数
专业能力	学习活动2 工作前准备 (20分)	A. 学习活动评价成绩为18~20分 B. 学习活动评价成绩为14~18分 C. 学习活动评价成绩为10~14分 D. 学习活动评价成绩为0~10分	
	学习活动3 任务实施 (20分)	A. 学习活动评价成绩为18~20分 B. 学习活动评价成绩为14~18分 C. 学习活动评价成绩为10~14分 D. 学习活动评价成绩为0~10分	
学习成果	功能(10分)	A. 实现全部功能(9~10分) B. 实现一半以上功能(7~8分) C. 实现少部分功能(6~7分) D. 没实现任何功能(0~6分)	
创新能力		学习过程中提出具有创新性、可行性的建议	加分奖励:
班级		学号	
姓名		综合评价分数	

评语：

指导教师		日期	

7.3 会码垛的机器人——码垛工作站的设计与实现

 学习目标

1. 能通过阅读工作任务联系单明确工作任务要求。

2. 能在遵守机器人安全操作规则的前提下，根据任务要求编制程序并在设备上进行调试。

3. 能正确填写验收记录表。

4. 能熟练梳理任务工作流程，包括对机器人的调试、程序编制及调试等过程。

知识内容

顺通自动化公司对现有仓储空间进行优化,将一定品类的配件分装到大小一致的存储箱中,而这些箱子需要整齐地摆放,依托公司在自动化及机器人开发领域的技术和经验,自主设计一条运输及码垛功能一体的存储线,所谓码垛就是机器人有规律地进行抓取及放置,根据不同的产品,设计不同类型的机械手爪,使得机器人码垛具有效率高、质量好、适用范围广、成本低等优势。

现由你们小组负责本次项目,独立设计并完成基于机械臂的协作机器人码垛系统。

7.3.1 明确工作任务

阅读工作任务联系单(表7.7),根据实际情况补充完整。

表7.7 工作任务联系单(参考模板)

改造单位基本信息	任务负责人信息	姓名		部门及职务	
		办公电话		传真	
		手机		E-mail	
客户基本信息	联系人信息	姓名		部门及职务	
		办公电话		传真	
		手机		E-mail	
建设目标以及进度安排	总建设目标: 　　独立设计并完成基于 Taskor 机械臂的码垛系统。将传送带摆放在指定区域,A、B、C 3 个物块将依次被放置在传送带上,编写程序,Taskor 机械臂自动将颜色不同的 A、B、C 物块堆叠到码垛区。具体的实施过程如下: 　　1.任务描述; 　　2.任务技术资料准备; 　　3.对 Taskor 机械臂的配套传感器参数进行核对; 　　4.调试时以本章节调试部分为参考,根据设备现场实际进行调试; 　　5.要据任务要求进行程序编写与调试; 　　6.填写设备检测记录表; 　　7.检测记录表、程序及操作手册交予用户使用; 　　任务实施总用时:2 天。				

续表7.7

验收任务	工作人员工作态度是否端正:是□ 否□ 本次程序是否已解决问题:是□ 否□ 是否按时完成:是□ 否□ 客户评价:非常满意□ 基本满意□ 不满意□ 客户意见或建议:＿＿＿＿＿＿＿＿＿＿＿＿＿＿＿＿＿ 　　　　　　　　　　　　　　　　客户签字:

7.3.2 获取信息

根据实际情况补充工作计划表(表7.8)。

表7.8 工作计划表(参考模板)

序号	任务:				工作时间	
	工作阶段/步骤	准备清单 机器/工具/辅助工具	工作安全	工作质量 环境保护	计划	实际
1						
2						
3						
4						
5						
6						
7						
8						
9						

日期:　　　　　培训教师:　　　　　日期:　　　　　受训人:

7.3.3 现场施工

1. 硬件组装

(1)依据清单来核对材料,设备材料清单见表7.9所列。

表7.9　设备材料清单

名称	数量	样式
Taskor 协作机器人	1 台	
物块	3 块	
摄像头	1 个	
摄像头支架	1 个	
电源适配器	1 个	

续表7.9

名称	数量	样式
通信线	1条	
传送带	1个	

（2）场地分布有1个机械臂摆放区、1个摄像头摆放区、2个物块摆放区，1个传送带摆放区，如图7.26所示。

图7.26　码垛场地搭建图

（3）参考实施步骤如下：

①在生产线上固定一台 Taskor 机械臂以及场景搭建，如图7.27所示；

②在生产线上使用摄像头检测屏幕（物件），若屏幕到达摄像头正下方时传送带停止，如图7.28所示。

2. 软件编写过程

（1）检查工件是否到达指定区域如果到达则启用后面程序分支，程序模板如图7.29所示，识别工件过程如图7.30所示。

图 7.27 场景布置

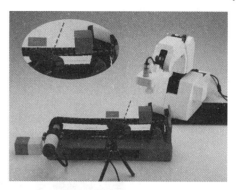

图 7.28 工作时场景状态

```
# 寻找各颜色
    红色=is_color_exist_in_range(130,180,150,215,120,200)
    ...
```

图 7.29 程序模板(6)

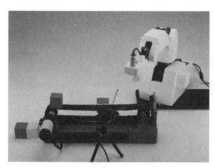

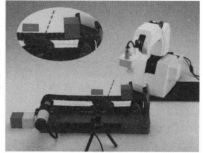

图 7.30 识别工件

(2)Taskor 机械臂吸起工件程序模板如图 7.31 所示,拾取工件过程如图 7.32 所示。

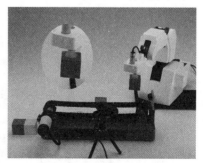

```
# 自定义函数:抓取传送带位置上的方块
    def 抓取(a):
        ...
        return(a)
```

图 7.31 程序模板(7)

图 7.32 拾取工件

(3)根据码垛计数设置放置高度,程序模板如图 7.33 所示。

```
# 自定义函数：把方块分别放置在不同的高度
    def 放置(f):
        if f==1:
            move_to(174, 0, -24)
        if f==2:
            move_to(174, 0, 25)
        if f==3:
            move_to(174, 0, 65)

        turn_off_sucker()
        move_all_motor(90, 0, 0)
        move_all_motor(57.7, 0, 0)
        return()
```

图 7.33　程序模板(8)

(4)放置到码垛区程序模板如图 7.34 所示,码垛工件过程如图 7.35 所示。

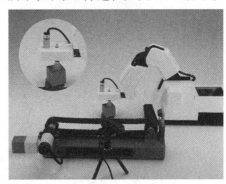

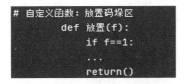

图 7.34　程序模板(9)　　　　　图 7.35　码垛工件

(5)程序码垛计数加一程序模板如图 7.36 所示,工件码垛计数加一过程如图 7.37 所示。

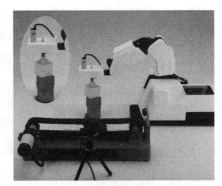

#加一
```
r+=1
if r == 1:
    ...
```

图 7.36　程序模板(10)　　　　　图 7.37　工件码垛计数加一

(6)复位并回到第一步,程序模板如图 7.38 所示,码垛完成如图 7.39 所示。

#复位
move_all_motor(57, 0, 0)

图 7.38 程序模板(11)　　　　　　　　图 7.39 码垛完成

(7)码垛机器人流程如图 7.40 所示。

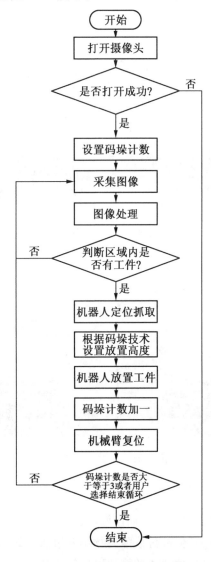

图 7.40 码垛机器人流程图

3. 调试过程

（1）Taskor 机械臂拾取生产线上的工件，如图 7.41 所示。

（2）Taskor 机械臂放置工件到码垛区的 3 个高度，如图 7.42、7.43、7.44 所示。

图 7.41　调试拾取工件

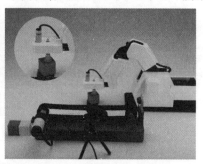

图 7.42　调试工件 1 的放置

图 7.43　调试工件 2 的放置

图 7.44　调试工件 3 的放置

（3）调试视觉识别工件到达，如图 7.45 所示。

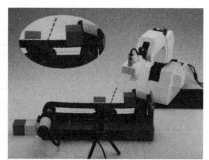

图 7.45　调试识别工件

注意事项：

（1）在老师的指导下进行设备台的动作调试；

（2）系统通电后，身体的任何部位或障碍物不要进入系统运动可达范围之内；

（3）系统操作前，确保传感器或相关模块可以正常使用；

（4）系统运动中,不要人为干扰系统的传感器信号,否则系统可能会工作不正常;

（5）系统运动不正常时,及时按下程序中的"停止",必要时关闭电源开关,查找问题原因;

（6）调试完成后,存档保存程序。

7.3.4　验收、总结与评价

1. 项目验收

任务验收阶段,需与客户沟通,任务功能验收表见表7.10所列。

表7.10　任务验收表(参考模板)

序号	需求内容	验收步骤	验收结果	是否通过
1				
2				
3				

任务需求功能已通过。

客户签字:
年　　　月　　　日

在验收工程中,向客户一一验证任务功能,确认没有问题后,在验收表上签字。

2. 任务文档验收

在任务功能测试没有问题后,需将所有任务涉及文档进行检查核对及整理打包,最后转交给客户(教师根据学生提交的文档判断是否齐全),运转维护资料表见表7.11所列。

表7.11　转运维护资料表(参考模板)

任务资料	是否齐全	
程序电子文档	□是	□否
程序注释	□是	□否
工作任务联系单	□是	□否
工作计划表	□是	□否
操作手册	□是	□否
任务功能验收单	□是	□否

注:整体打包插入附件。

3.任务学习总结

以小组为单位,选择演示文稿、展板、海报、录像等形式中的一种或几种,向全班展示、汇报学习成果。

4.综合评价

根据实际情况,由老师对学生的工作过程进行评价,并填写评价表(表7.12)。

表7.12 评价表(参考模板)

评价项目	评价内容	评价标准	评价分数
职业素养	安全意识、责任意识(10分)	A.作风严谨、自觉遵章守纪、出色完成任务(9~10分) B.能够遵守规章制度、较好完成工作任务(7~8分) C.遵守规章制度、没完成工作任务或完成工作任务、但忽视规章制度(6~5分) D.不遵守规章制度、没完成工作任务(0~6分)	
	学习态度(10分)	A.积极参与教学活动,全勤(9~10分) B.缺勤达本任务总学时的10%(7~8分) C.缺勤达本任务总学时的20%(6~7分) D.缺勤达本任务总学时的30%(0~6分)	
	团队合作意识(10分)	A.与同学协作融洽、团队合作意识强(9~10分) B.与同学能沟通、协同工作能力较强(7~8分) C.与同学能沟通、协同工作能力一般(6~7分) D.与同学沟通困难、协同工作能力较差(0~6分)	
专业能力	学习活动1 获取任务 (20分)	A.按时、完整地完成工作页,问题回答正确(18~20分) B.按时、完整地完成工作页,问题回答基本正确(14~18分) C.未能按时完成工作页,内容遗漏、错误较多(10~14分) D.未完成工作页(0~10分)	
	学习活动2 工作前准备 (20分)	A.学习活动评价成绩为18~20分 B.学习活动评价成绩为14~18分 C.学习活动评价成绩为10~14分 D.学习活动评价成绩为0~10分	
	学习活动3 任务实施 (20分)	A.学习活动评价成绩为18~20分 B.学习活动评价成绩为14~18分 C.学习活动评价成绩为10~14分 D.学习活动评价成绩为0~10分	

续表 7.12

评价项目	评价内容	评价标准	评价分数
学习成果	功能(10分)	A. 实现全部功能(9~10分) B. 实现一半以上功能(7~8分) C. 实现少部分功能(6~7分) D. 没实现任何功能(0~6分)	
创新能力		学习过程中提出具有创新性、可行性的建议	加分奖励:
班级		学号	
姓名		综合评价分数	

评语:

指导教师		日期	

7.4 会装配的机器人——装配工作站的设计与实现

学习目标

1. 能独立完成装配系统的搭建。

2. 能在遵守机器人安全操作规则的前提下,根据任务要求编制程序并在设备上进行调试。

3. 能正确填写验收记录表。

4. 能熟练梳理任务工作流程,包括对机器人的调试、程序编制及调试等过程。

知识内容

目前航空产品零部件装配仍以工人手动作业为主,由于零件形状复杂、大小各异,装配作业任务需求迥异,而人工作业这种模式大大降低了工程的进展。

在工业生产中,机器人常用于装配生产线上对零部件进行装配,同时机器人装配可以保障工人工作时的人身安全,提升公司产品的生产力,保证零部件装配的精度、质量的一致性。随着航空事业的不断发展,对飞机的可靠性、耐用性的要求不断提高,且飞机装配是制造过程中的重要环节,所以装配技术很大程度上决定航空零部件的制造成本、生产的周期以及质量。不仅零件之间需要装配,在运输前也要进行高强度的装配。以工业机器人为载体进行自动装配是航空制造业的重要发展趋势。本任务要求完成装配工作站的设计与调试工作,通过摄像头识别装配的位置规格或者样式,末端执行器能够拾起零部件块,将零部件块按照需求进行装配。

7.4.1 明确工作任务

阅读工作任务联系单(表7.13),根据实际情况补充完整。

表7.13 工作任务联系单(参考模板)

改造单位 基本信息	任务负责人 信息	姓名		部门及职务	
		办公电话		传真	
		手机		E-mail	
客户基本 信息	联系人 信息	姓名		部门及职务	
		办公电话		传真	
		手机		E-mail	
建设目标 以及进度 安排	总建设目标: 　　Taskor机械臂在零部件传送过来后,通过摄像头识别装配位置和放置的样式,然后识别零部件,并通过Taskor机械臂的末端执行器将零部件装配到相应的位置。装配好后,通过摄像头检测装配是否有纰漏,当识别到装配不合格时,安装在协作机器人身上的LED灯点亮,Taskor机械臂就会将零部件重新装配一次。当装配完成后,LED灯就会闪烁。具体的实施过程如下: 　　1.任务描述; 　　2.任务技术资料准备; 　　3.对Taskor机械臂的配套传感器参数进行核对; 　　4.调试时以本章节调试部分为参考,根据设备现场实际进行调试; 　　5.要根据任务要求进行编写程序与调试; 　　6.填写设备检测记录表; 　　7.检测记录表、程序及操作手册交予用户使用; 　　8.任务实施总用时:2天。				
验收任务	工作人员工作态度是否端正:是□　否□ 本次程序是否已解决问题:是□　否□ 是否按时完成:是□　否□ 客户评价:非常满意□　基本满意□　不满意□ 客户意见或建议:＿＿＿＿＿＿＿＿＿＿＿＿＿＿＿＿＿＿＿＿＿ 　　　　　　　　　　　　　　　　　　　　　　客户签字:				

7.4.2　获取信息

1.知识点储备

(1)协作机器人装配系统的搭建原则。

①摄像头分析装配区的形状。

②摄像头识别传送带上方的零部件特征。

③协作机器人通过分析摄像头采集的信息进行零部件拾取并将其放置到装配区相应的位置。

(2)视觉识别指令的定位抓取及装配原则。

①定位抓取原则。

a.首先使用视觉识别函数 is_color_exist( )判断颜色是否存在。

b.如果存在便执行视觉识别函数 get_color_positstion( )获取该颜色的坐标并且索引出 x 轴和 y 轴进行判断若符合目标坐标范围则进行抓取。

c.如果不存在则一直循环识别。

②装配原则。

a.通过摄像头识别出装配区中各个区域的颜色。

b.摄像头识别传送带上的零部件,并给予协作机器人相关颜色信息,让协作机器人明确进行装配的位置。

c.在装配时要按先下后上、先内后外、先难后易、先重后轻、先精密后一般原则去确定零部件的装配顺序。

d.由于实验中的零部件除颜色外,其余特征一致,同时又是随机传送的,所以在装配时装配区与零部件的颜色要一一对应,装配时零部件要在装配区外,其他不做过多要求。

2.制订工作计划

根据实际情况补充完整工作计划表(表 7.14)。

表 7.14　工作计划表(参考模板)

序号	任务:				工作时间	
	工作阶段/步骤	准备清单 机器/工具/辅助工具	工作安全	工作质量 环境保护	计划	实际
1	核对元器件型号	产品技术手册	避免触电、 挤压危险	未明功能区域 不要擅自使用		
2	各模块通信	通信线		数据传输 电缆应轻拔轻插		

续表 7.14

序号	工作阶段/步骤	准备清单 机器/工具/辅助工具	工作安全	工作质量 环境保护	计划	实际
任务：					工作时间	
3	传感器调试	螺丝刀	避免触电、 挤压危险	设备按键应轻按		
4	程序编写	计算机				
5	程序调试	计算机、协作机器人				
6	编写任务资料、 程序注释、存档	计算机				

日期：　　　培训教师：　　　日期：　　　受训人：

7.4.3　现场施工

1. 硬件组装

(1)依据清单来核对材料,材料清单见表 7.15 所列。

表 7.15　材料清单

名称	数量	样式
Taskor 协作机器人	1 台	
摄像头	1 个	

续表 7.15

名称	数量	样式
摄像头支架	1 个	
零部件	6 块	
LED 等	1 盏	

（2）实践场地分布有 1 个协作机器人摆放区、1 个摄像头摆放区、1 个传送带摆放区、1 个能承载 8 个零部件的过渡摆放区和 1 个装配摆放区，如图 7.46 所示。

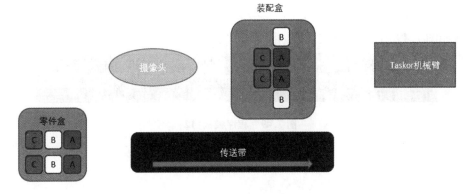

图 7.46 装配工作站场景示意图

（3）装配系统搭建。

将传输到传送带上的零部件装配到指定的位置，零部件的摆放是随机的，所以要通过摄像头进行识别。在实验时人为将零部件放置在传送带上传送到识别区域，然后协作机器人会按照装配区的装配要求进行装配。

每传送 1 个零部件需要完成以下步骤：

①启动传送带，传送带的方向为向"协作机器人摆放区"传送零部件；

②当零部件掉落在传送带上后，传送带运动 n s，暂停 n s；协助机器人自动将颜色不同的 A、B、C 零部件按照装配区的装配要求进行零部件的装配（装配的要求如图 7.46 中的装配区所示）；

③待装配区容纳不满足继续装配的零部件时，协作机器人就会闪烁身上的 LED 灯，直至装配区零部件的装配盒有能满足装配的要求。

（4）参考实施步骤如下：

①在生产线上安装一台 Taskor 机械臂以及摄像头，如图 7.47 所示；

②在协作机器人身上安装 LED 灯，如图 7.48 所示。

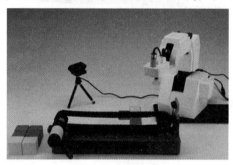

图 7.47　搭建装配场景

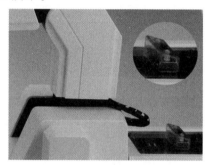

图 7.48　安装 LED 灯

2. 软件编写过程

（1）在零部件还没传送到传送带时，摄像头就会识别装配区的装配容量是否满足，程序模板如图 7.49 所示，检测装配区如图 7.50 所示。

```
#识别装配区
            get_color_area_in_range(130, 180, 150, 215, 120, 200)
            ...
```

图 7.49　程序模板（12）

图 7.50 检测装配区

（2）当零部件传输到传送带上时，摄像头就会对零部件进行识别，程序模板如图 7.51 所示，识别零部件如图 7.52 所示。

（3）当传送带停下来时，Taskor 机械臂就会抓取零部件进行装配，程序模板如图 7.52 所示，抓取零部件如图 7.54、7.55 所示。

```
# 赋予并识别各颜色是否存在
    rr=is_color_exist_in_range(130, 180, 150, 215, 120, 200)
    ...
```

图 7.51 程序模板（13）

图 7.52 识别零部件

```
#自定义函数：抓取传送带上的方块动作
    def 抓取(a):
        ...
```

图 7.53 程序模板（14）

图7.54　对准零部件

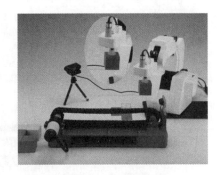

图7.55　吸取零部件

（4）当摄像头识别到装配区无法装配时,Taskor 机械臂身上的 LED 灯闪烁,程序模板如图 7.56 所示,完成装配状态如图 7.57 所示。

图7.56　程序模板(15)

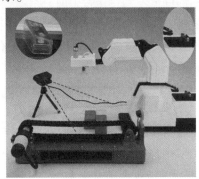

图7.57　完成装配状态

（5）当零部件装配出错时,Taskor 机械臂身上的 LED 灯就会长亮,直至 Taskor 机械臂重新装配准确,程序模板如图 7.58 所示,零部件装配出错如图 7.59 所示。

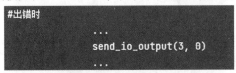

图7.58　程序模板(16)

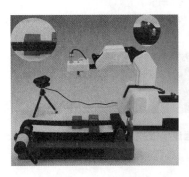

图7.59　零部件装配出错

3. 调试过程

（1）调试摄像头识别装配区的容量，如图 7.60 所示。

（2）调试 Taskor 机械臂抓取零部件移动到装配区进行装配，如图 7.61 所示。

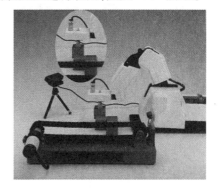

图 7.60　调试识别功能　　　　　　　图 7.61　调试装配

（3）调试装配出错时 LED 灯长亮，Taskor 机械臂将对零部件重新进行装配，如图 7.62、7.63 所示。

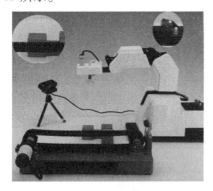

图 7.62　调试装配出错　　　　　　　图 7.63　纠错装配

（4）调试装配区装配完成时，LED 灯进入闪烁的状态，如图 7.64 所示。

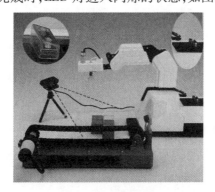

图 7.64　装配完成

注意事项：

(1)在老师的指导下进行设备台的动作调试；

(2)系统通电后,身体的任何部位或障碍物不要进入系统运动可达范围之内；

(3)系统操作前,确保传感器或相关模块可以正常使用；

(4)系统运动中,不要人为干扰系统的传感器信号,否则系统可能会工作不正常；

(5)系统运动不正常时,及时按下程序中的"停止",必要时关闭电源开关,查找问题原因；

(6)调试完成后,存档保存程序。

7.4.4 验收、总结与评价

1.项目验收

任务验收阶段,需与客户沟通,任务功能验证表见表7.16所列。

表7.16 任务功能验证表(参考模板)

任务验收表				
序号	需求内容	验收步骤	验收结果	是否通过
1				
2				
3				
4				
5				
6				
7				
8				

任务需求功能已通过。

客户签字：

年　　月　　日

在验收工程中,向客户一一验证任务功能,确认没有问题后,在验证表上签字。

2.任务文档验收

在任务功能测试没有问题后,需将所有任务涉及文档进行检查核对及整理打包,最后转交给客户(教师根据学生提交的文档判断是否齐全),运转维护资料表见表7.17所列。

表7.17　转运维护资料表(参考模板)

任务资料	是否齐全	
程序电子文档	□是	□否
程序注释	□是	□否
工作任务联系单	□是	□否
工作计划表	□是	□否
操作手册	□是	□否
任务功能验收单	□是	□否

注:整体打包插入附件。

3. 任务学习总结

以小组为单位,选择演示文稿、展板、海报、录像等形式中的一种或几种,向全班展示、汇报学习成果。

4. 综合评价

根据实际情况,由老师对学生的工作过程进行评价,并填写评价表(表7.18)。

表7.18　评价表(参考模板)

评价项目	评价内容	评价标准	评价分数
职业素养	安全意识、责任意识(10分)	A. 作风严谨、自觉遵章守纪、出色完成任务(9~10分) B. 能够遵守规章制度、较好完成工作任务(7~8分) C. 遵守规章制度、没完成工作任务或完成工作任务、但忽视规章制度(6~5分) D. 不遵守规章制度、没完成工作任务(0~6分)	
	学习态度(10分)	A. 积极参与教学活动,全勤(9~10分) B. 缺勤达本任务总学时的10%(7~8分) C. 缺勤达本任务总学时的20%(6~7分) D. 缺勤达本任务总学时的30%(0~6分)	
	团队合作意识(10分)	A. 与同学协作融洽、团队合作意识强(9~10分) B. 与同学能沟通、协同工作能力较强(7~8分) C. 与同学能沟通、协同工作能力一般(6~7分) D. 与同学沟通困难、协同工作能力较差(0~6分)	

续表7.18

评价项目	评价内容	评价标准	评价分数
专业能力	学习活动1 获取任务 (20分)	A. 按时、完整地完成工作页,问题回答正确(18~20分) B. 按时、完整地完成工作页,问题回答基本正确(14~18分) C. 未能按时完成工作页,内容遗漏、错误较多(10~14分) D. 未完成工作页(0~10分)	
	学习活动2 工作前准备 (20分)	A. 学习活动评价成绩为18~20分 B. 学习活动评价成绩为14~18分 C. 学习活动评价成绩为10~14分 D. 学习活动评价成绩为0~10分	
	学习活动3 任务实施 (20分)	A. 学习活动评价成绩为(18~20分) B. 学习活动评价成绩为(14~18分) C. 学习活动评价成绩为(10~14分) D. 学习活动评价成绩为(0~10分)	
学习成果	功能(10分)	A. 实现全部功能(9~10分) B. 实现一半以上功能(7~8分) C. 实现少部分功能(6~7分) D. 没实现任何功能(0~6分)	
创新能力		学习过程中提出具有创新性、可行性的建议	加分奖励:
班级		学号	
姓名		综合评价分数	

评语:

指导教师		日期	

7.5 会配合的机器人——多机工作站联合调试

1. 能通过阅读工作任务联系单明确工作任务要求。

2. 能在遵守机器人安全操作规则的前提下,根据任务要求编制程序并在设备上进行调试。

3. 能正确填写验收记录表。

4. 能熟练梳理任务工作流程,包括对机器人的调试、程序编制及调试等过程。

知识内容

广智创制造有限公司是一家电子设备生产企业,由于用工成本逐年上升,而且工人队伍不稳定,虽然说产品的制作和装配等环节已经形成了自动生产线,现公司想进一步提高企业的生产效率,进行生产改造。本节任务是对此项升级改造,包括对机器人的硬件组装,软件编程和系统调试的工作,最后要把全套的操作手册交付给甲方,本次任务需要在两天内完成。

任务要求:独立设计并完成基于 Taskor 机械臂分拣、运输、装配系统,并完成人机、多机协同智能制造系统的搭建。

7.5.1 明确工作任务

阅读工作任务联系单(表 7.19),根据实际情况补充完整。

表 7.19 工作任务联系单(参考模板)

改造单位基本信息	任务负责人信息	姓名		部门及职务	
		办公电话		传真	
		手机		E-mail	
客户基本信息	联系人信息	姓名		部门及职务	
		办公电话		传真	
		手机		E-mail	

续表 7.19

建设目标以及进度安排	总建设目标：
	
	    Taskor 分拣机械臂负责将物品摆放区的所有零件按顺序搬至传送带上，Taskor 装配机械臂负责从传送带上传输的物料放置到装配区中相应的位置，并且把涂有黑色的物料放置到回收区。具体的实施过程如下：
	
	    1. 任务描述；
	    2. 对 Taskor 机械臂型号及传感器型号参数进行核对；
	    3. 在 Taskor 机械臂根据实际数据对传感器进行调试；
	    4. 根据任务要求编制程序并调试；
	    5. 填写设备检测记录表；
	    6. 检测记录表、程序及操作手册交予用户使用；
	    7. 任务技术资料准备；
	    8. 任务实施总用时：2 天。

验收任务	工作人员工作态度是否端正：是□　否□ 本次程序是否已解决问题：是□　否□ 是否按时完成：是□　否□ 客户评价：非常满意□　基本满意□　不满意□ 客户意见或建议：＿＿＿＿＿＿＿＿＿＿＿＿＿＿＿＿＿ 客户签字：

1. 系统需求分析

通过对上述企业的实际调研以及查阅相关的技术资料，对基于多机器人的生产物流系统的控制需求分析如下：

（1）该生产线中人工操作部分（主要是流水线重复操作）可由两台不同功能的机器人来协作完成，通过在机器人的末端执行器安装真空吸盘，可实现不同功能（如装配、分拣和码垛）。

（2）为了方便生产线各工作单元的检修与调试，要求控制系统可以选择单机工作方式。选择单机运行时，各单元可独立运行，站与站之间没有数据交互。

（3）考虑设备安全生产的实际需要，要求各机器人工作单元要有必要的电气安全防护措施。

2. 生产物流工艺流程设计

生产物流工艺流程设计指从原材料到加工成品的全过程。设计原则是以最合理、最有效的方式对生产过程中所有设备进行合理的布局，使生产系统运行管理、运行成本、安全等各种指标达到最优，保证人流、物流、信息流畅通无阻。根据公司的生产实际情况和现有的装备条件，采用直线形传送带的基本流动模式。此生产物流水线系统有 2 个工作

单元,分别是分拣工作单元和装配工作单元,各工作单元的描述如下:

(1)分拣工作单元。

分拣机器人主要负责将工件搬运到传送带上。

(2)装配工作单元。

装配工作单元的任务是机器人将生产线上的产品装配到装配盒,本次设计的装配机器人加入了机器视觉系统,主要对传输带上的工件进行筛选,将不合格的产品搬运至废品库。

7.5.2　获取信息

根据实际情况补充完整工作计划表(表7.20)。

表 7.20　工作计划表(参考模板)

工作计划						
任务:					工作时间	
序号	工作阶段/步骤	准备清单 机器/工具/辅助工具	工作安全	工作质量 环境保护	计划	实际
1	核对元器件型号	产品技术手册	避免触电、 挤压危险	未明功能区域 不要擅自使用		
2	各模块通信	通信线		数据传输 电缆应轻拔轻插		
3	传感器调试	螺丝刀				
4	程序编写	计算机		设备按键应轻按		
5	程序调试	计算机、协作机器人				
6	编写任务资料、 程序注释、存档	计算机				

日期:　　　　培训教师:　　　　　日期:　　　　　受训人:

7.5.3　现场施工

1.硬件组装

(1)依据清单核对材料,材料清单见表7.21所列。

表 7.21　材料清单

名称	数量	样式
Taskor 协作机器人	2 台	
摄像头	1 个	
摄像头支架	1 个	
物料	6 块	
3D 打印装配盒	1 个	

续表 7.21

名称	数量	样式
传送带	1 个	

（2）场地分布有 2 个机械臂摆放区、1 个摄像头摆放区、2 个物块摆放区、1 个传送带摆放区和 1 个回收盒摆放区，本节实训课根据该场景，完成对智能制造系统的模拟搭建。

（3）传送带从"分拣机器人"向"装配机器人"运动，物块摆放如图 7.65 所示，6 个物块整齐摆放在上面的分拣盒中，当分拣盒中没有物块时人工补齐。

图 7.65　装配工作站场景示意图

2. 软件编写过程

（1）编写程序完成以下任务：

①Taskor 分拣机械臂负责将物品摆放区不同颜色的 A、B、C 物块移动到传送带上，并将颜色 D（黑色）的物块移出分拣区；

②Taskor 装配机械臂负责把传送带上的物块依次放置到装配盒内，装配机器人的端口上接有触摸开关；

③每次装配盒装满后，人工更换空装配盒以及满载分拣盒，更换完成后手指接触触摸传感器表示完成；

④最终得到 1 个装满物块的装配盒。

（2）分拣机器人程序流程。

①设置分拣计数，程序模板如图 7.66 所示，分拣机器人按照位置依次抓取 6 个位置的物件，如图 7.67 所示。

```
while x<7:
    x+=1    #加一
#搬取第一个方块（右下）
    if x==1:
        ...

#搬取第二个（右上黑色的）
    if x==2:
        ...

#搬取第三个（中上）
    if x==3:
        ...

#搬取第四个（中下）
    if x==4:
        ...

#搬取第五个（左下）
    if x==5:
        ...

#搬取第六个（左上）
    if x==6:
        ...
```

图7.66　程序模板(17)　　　　图7.67　依照顺序抓取物件

②抓起后放到传送带上,程序模板如图7.68所示,工作过程如图7.69所示。

```
#吸取第一个方块
        move_all_motor(103.1, 0, 0)
        ....
#放置至传送带
        move_all_motor(35.1, 0, 0)
        ...
```

图7.68　程序模板(18)

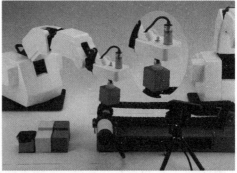

图7.69　拾取物件放置传送带上

③抓取计数加一,程序模板如图7.70所示,工作过程如图7.71所示。

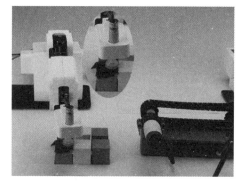

```
while x<7:
    x+=1      #加一
    ...
```

图 7.70 程序模板(19)　　　　　图 7.71 拾取物件计数加一

④判断分拣计数是否到达 6 个。

如果分拣计数到达 6 个,证明分拣盒已空,Taskor 分拣机械臂原地待机,等待人工更换满载分拣盒。人工换完分拣盒后按下触摸开关,Taskor 分拣机械臂接收到触摸开关信号后分拣计数清零进行下一步,如果 Taskor 分拣机械臂没有接收到触摸开关信号则在本分支等待,程序模板如图 7.72 所示,工作过程如图 7.73、7.74 所示。

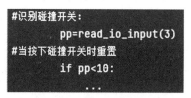

```
#识别碰撞开关:
        pp=read_io_input(3)
#当按下碰撞开关时重置
        if pp<10:
            ...
```

图 7.72 程序模板(20)

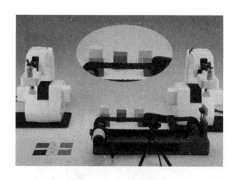　　　　

图 7.73 分拣完成　　　　　　　图 7.74 按下触摸开关

⑤如果分拣计数没有到达 6 个则继续吸取工件,程序模板如图 7.75 所示,工作流程如图 7.76 所示。

(3)Taskor 装配机械臂程序流程。

①设置装配计数(图 7.77),检测传送带上是否有物件如果有则吸起物件,否则继续检测,工作过程如图 7.78 所示。

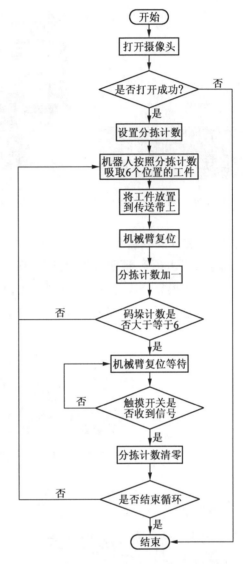

图 7.76　Taskor 分拣机械臂流程图

```
#未完成则继续
    while x<7:
        ...
```

图 7.75　程序模板(21)

```
# 当识别到蓝色时
        if blue==str(True):
            ...
# 当识别到黄色时
        if yellow==str(True):
            ...
# 当识别到红色时
        if red==str(True):
            ...
```

图 7.77　程序模板(22)

图 7.78　准备装配物件(黑色区域为不合格区)

②视觉识别是什么颜色的物件再吸起,程序模板如图 7.79 所示,工作过程如图 7.80 所示。

```
blue=is_color_exist_in_range(95, 135, 154, 194, 46, 86)
...
if blue==str(True):
    ...
```

图 7.79　程序模板(23)

图 7.80　识别抓起的物件

③按照颜色对应放入装配盒,若为黑色则放置到回收区,程序模板如图 7.81 所示,工作过程如图 7.81 所示。

```
#识别黑色
    black=is_color_exist_in_range(99,139,36,76,134,174)
    ...
    if black==str(True)
        ...
```

图 7.81　程序模板(24)

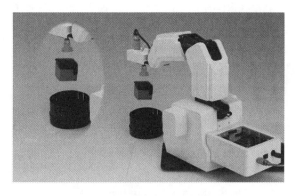

图 7.82　将黑色物件放置回收区

④装配计数加一(图7.83)。

图7.83　程序模板

⑤判断装配计数是否到达5个。

如果装配计数到达5个,证明装配盒满载,机器人原地待机,等待人工更换空装配盒。人工换完装配盒后按下触摸开关,Taskor装配机械臂接收到触摸开关信号后装配计数清零(图7.84),进行下一步,如果Taskor装配机械臂没有接收到触摸开关信号则在本分支等待(图7.85)。如果装配计数没有到达5个则直接下一步。

图7.84　程序模板(25)

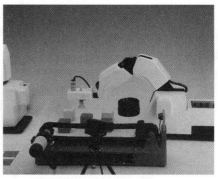

图7.85　完成物件装配

⑥回到第一步。

Taskor装配机械臂程序流程如图7.86、7.87所示。

图7.86　程序模块(26)

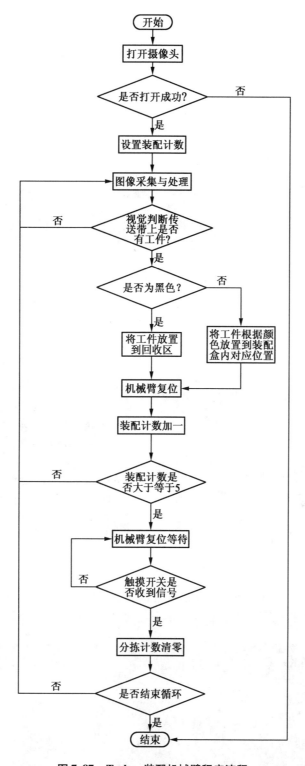

图 7.87 Taskor 装配机械臂程序流程

3. 调试过程

（1）Taskor 分拣机械臂调试。

调试机械臂吸取分拣盒 6 个位置的物件，如图 7.88 所示。

图 7.88　调试分拣物件

（2）Taskor 装配机械臂调试。

①调试 Taskor 机械臂拾取生产线上的物件，如图 7.89 所示。

②调试视觉识别工件颜色，如图 7.90 所示。

图 7.89　调试物件拾取　　　　　图 7.90　调试物件颜色的识别

③调试 Taskor 机械臂放置物件到装配盒的 5 个位置，如图 7.91 所示。

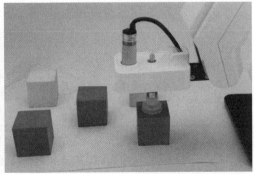

图 7.91　装配位置的调试

④调试 Taskor 装配机械臂将黑色物件放置到回收区,如图 7.92 所示。

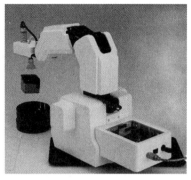

图 7.92　回收区放置调试

注意事项:

(1)在老师的指导下进行设备台的动作调试;

(2)系统通电后,身体的任何部位不要进入系统运动可达范围之内;

(3)系统操作前,确保传感器或相关模块可以正常使用;

(4)系统运动中,不要人为干扰系统的传感器信号,否则系统可能会工作不正常;

(5)系统运动不正常时,及时按下程序中的"停止",必要时关闭电源开关,查找问题原因;

(6)调试完成后,存档保存程序。

7.5.4　验收、总结与评价

1. 项目验收

任务验收阶段,需与客户沟通,任务功能验证表见表 7.22 所列。

表 7.22　任务功能验证表(参考模板)

任务验收表				
序号	需求内容	验收步骤	验收结果	是否通过
1				
2				

任务需求功能已通过。

客户签字:

年　　月　　日

在验收工程中,向客户一一验证任务功能,确认没有问题后,在验证表上签字。

2. 任务文档验收

在任务功能测试没有问题后,需将所有任务涉及文档进行检查核对及整理打包,最

后转交给客户(教师根据学生提交的文档判断是否齐全),转运维护资料表见表 7.23
所列。

表 7.23　转运维护资料表(参考模板)

任务资料	是否齐全	
程序电子文档	□是	□否
程序注释	□是	□否
工作任务联系单	□是	□否
工作计划表	□是	□否
操作手册	□是	□否
任务功能验收单	□是	□否
整体打包插入附件		

3. 任务学习总结

以小组为单位,选择演示文稿、展板、海报、录像等形式中的一种或几种,向全班展
示、汇报学习成果。

4. 综合评价

根据实际情况,由老师对学生的工作过程进行评价,并填写表 7.24。

表 7.24　评价表(参考模板)

评价项目	评价内容	评价标准	评价分数
职业素养	安全意识、责任意识(10 分)	A. 作风严谨、自觉遵章守纪、出色完成任务(9~10 分) B. 能够遵守规章制度、较好完成工作任务(7~8 分) C. 遵守规章制度、没完成工作任务或完成工作任务、但忽视规章制度(6~5 分) D. 不遵守规章制度、没完成工作任务(0~6 分)	
	学习态度(10 分)	A. 积极参与教学活动,全勤(9~10 分) B. 缺勤达本任务总学时的 10%(7~8 分) C. 缺勤达本任务总学时的 20%(6~7 分) D. 缺勤达本任务总学时的 30%(0~6 分)	
	团队合作意识(10 分)	A. 与同学协作融洽、团队合作意识强(9~10 分) B. 与同学能沟通、协同工作能力较强(7~8 分) C. 与同学能沟通、协同工作能力一般(6~7 分) D. 与同学沟通困难、协同工作能力较差(0~6 分)	

续表7.24

评价项目	评价内容	评价标准	评价分数
专业能力	学习活动1 获取任务 (20分)	A. 按时、完整地工作页,问题回答正确(18~20分) B. 按时、完整地工作页,问题回答基本正确(14~18分) C. 未能按时完成工作页,内容遗漏、错误较多(10~14分) D. 未完成工作页(0~10分)	
	学习活动2 工作前准备 (20分)	A. 学习活动评价成绩为(18~20分) B. 学习活动评价成绩为(14~18分) C. 学习活动评价成绩为(10~14分) D. 学习活动评价成绩为(0~10分)	
	学习活动3 任务实施 (20分)	A. 学习活动评价成绩为(18~20分) B. 学习活动评价成绩为(14~18分) C. 学习活动评价成绩为(10~14分) D. 学习活动评价成绩为(0~10分)	
学习成果	功能(10分)	A. 实现全部功能(9~10分) B. 实现一半以上功能(7~8分) C. 实现少部分功能(6~7分) D. 没实现任何功能(0~6分)	
创新能力		学习过程中提出具有创新性、可行性的建议	加分奖励:
班级		学号	
姓名		综合评价分数	

评语:

指导教师		日期	

参考文献

［1］ 张明文，王璐欢. 智能协作机器人入门实用教程［M］. 北京：机械工业出版社，2022.

［2］ 张明文，王璐欢. 工业机器人视觉技术及应用［M］. 北京：人民邮电出版社，2020.

［3］ 周润景，李茂泉. 常用传感器技术及应用［M］. 北京：电子工业出版社，2020.

［4］ 甘宏波，黄玲芝. 工业机器人技术基础［M］. 北京：航空工业出版社，2019.

［5］ 史向东，邓贵勇. 机器人 Python 青少年编程开发实例［M］. 北京：电子工业出版社，2018.

［6］ 王德庆. 用 Python 玩转树莓派和 MegaPi［M］. 北京：清华大学出版社，2019.

［7］ 丁维迪. 从 0 到 1 机器人入门［M］. 蒋亚宝，译. 北京：机械工业出版社，2018.

［8］ 西西利亚诺 哈提卜. 机器人手册:第 1 卷:机器人基础［M］.《机器人手册》翻译委员会，译. 北京：机械工业出版社，2016.